中华青少年科学文化博览丛书·科学卷 >>>

U0342928

图说寻找星外生命 >>>

中华青少年科学文化博览丛书·科学卷

图说寻找星外生命

TUSHUO
XUNZHAO XINGWAI
SHENGMING

吉林出版集团有限责任公司 | 全国百佳图书出版单位

前　言

生命从何而来，又向何处去？外星生命存在与否，其他星球上有没有生命形式的存在？科学界对此始终没有定论。这个被称为"自然历史上最复杂、最难以解决"的疑问，成为人类孜孜不倦追求的热门课题。

当你一个人孤独地游荡在无边无际的深山空谷无助地高喊"有人吗？"听着自己的声音在旷野里回响，你是不是渴望远处什么地方，有人回应一声？

如今科学家们面对太空发出了同样的呼喊："我们是唯一的智慧生命吗？"

多年来，人类从来没有停止对在外星文明的探索，但除了似真似幻的飞碟记录和电影导演的凭空想象之外，我们几乎一无所获。科学家们也在期待着遥远的太空有外星人做出回应。可他们在哪呢？他们长什么样？是肉身凡胎，还是铁骨铮铮？

对于外星人，人类有一整套猜想和学术推论。首先，在合适的恒星系统中一颗条件温和的行星上，由化学反应产生了原始生命，我们知道，这种现象在整个宇宙中普遍存在；接着，在达尔文适者生存理论的模式下，从那些生命中间最终会进化出一种智能生命；最后，那些最为高等的生命会研究发展出可以在太空进行通讯的技术，向宇宙中的其他地方发射电波或其他波段的各种联络信号。

天文学家弗兰克·德瑞克在1961年发明了一个推断外星生命的著名方程式——现在我们称为"德瑞克方程"，他通过这个方程计算并乐观地推断，在我们银河系中存在着大量的智能生命，而我们能否找到他们则完全取决于文明能够进行星际探索的年限。

但也有一些科学家认为，人类不可能会遭遇到像科幻电影里描述的那种软软的粘乎乎的外星生命，而更可能是某种智能机器。

这个观点为许多的科学家所接受，要理解这一点得从人类本身说起，其实人类一直有探测星空的梦想，然而要走出太阳系，进出银河系，进入遥远的星空却并非易事。

由于人类自身的脆弱性以及技术的原因，在太空探索的最初阶段，人类本身无法承受巨大的发射荷载，也不能在太空长期居留，只能依赖遥控机器人。

因此，首先将机器人送上太空打前阵，然后派人类跟上要安全得多。由此他们推断，外星生命也和人类一样，得用机器人打头阵，所以人类最先遇到的外星生命很可能是他们制造的机器人。

一些科学家坚信，人类的进化不过花了几百万年的时间，如果我们的太阳系比许多其他星系要年轻10亿年的话，根据德瑞克方程，在宇宙许多星系的许多星球上，就一定有智慧生命存在，而且比人类要先进得多。

而以光速做横跨星系的旅游要成百上千年，那么经过这么长的时间，如果有外星人来到地球敲打我们住所的前门的话，也就不足为奇了。

你也期待着有一天忽然会有外星人出现吗？

目　录

目　录

目 录

目　录

第十章　寻找星外生命的新通道

第1章 百度宇宙
——"全球总动员"寻找星外生命

◤ 到底有没有外星人？

英国著名科学家霍金早前在录制发现频道的纪实节目时曾经表示肯定存有星外生命，原因是宇宙如此之大，星球如此之多，不可能只有地球上才有，只是现在还没有发现而已。

宇宙星空

科学界寻找外星生命的努力成为了一项全球活动，来自全球5大洲13个国家包括意大利、印度、阿根廷、澳大利亚、法国、德国、英国、韩国、瑞典、荷兰以及美国和日本的19家天文台一起将他们的望远镜锁定几个存在星外生命可能性比较高的恒星系统，如头鲸鱼座和天苑四恒星系统，搜索生命的信号。这些恒星系统离太阳系最近，也是人类搜寻外星生命最感兴趣的星系。

组织者道格·瓦科齐是美国寻找外星生命学院的科学家。他认为在茫茫宇宙中要找到星外生命的讯号非常需要大家的合作，集体观测有很强的现实意义。

活动虽然是由美国人组织，但想法却来自一位日本天文学家，他就是日本西播磨天文台的主任鸣泽真也，该天文台拥有日本最大的光学望远镜。鸣泽真也去年秋天在日本组织了多家天文台的联合观测行动。

他受邀参加了美国宇航局赞助的星外智能生命研讨会议，向与会者讲述自己的观测成果。会上，鸣泽真也遇到了寻找星外生命学院的院长吉尔·塔特，两人就全球合作观测的

美国宇航局标志

天文台

射电望远镜

想法达成一致,不久之后,来自 13 个国家的 19 家天文台就表态愿意参加这样的观测活动。

50 年前,美国人弗兰克·德雷克在位于西弗吉尼亚州的绿岸射电望远镜进行了第一次以寻找星外生命为目的的观测,他收听到一个单频道接收器传来的声波,这种接收器一次只能接收一个频率的电磁波,但今天的技术让科学家们每分钟能够收到数百万个频率的电磁波,同时还能

宇宙信号

搜寻类似于激光束之类的光线通讯信号。

寻找星外生命的科学之路其实

并不平坦，它需要人们不停地接收来自宇宙的各种信号，并对此进行分析,刚开始受到很多人的质疑，科学界也有不少质疑的声音，主要是因为人类掌握的技术有限，而宇宙茫茫,寻找星外生命形同大海捞针。

◣ "墨西哥怪异头骨"之谜

一对美国夫妇于1930年在墨西哥一座矿山附近发现怪异的头骨。当时,在这块头骨旁边还有一具人体骨架，这具骷髅外观上与常人的无异。之后，这对美国夫妇便把怪异的头骨收藏起来，直到1999年把它交给研究人员。

美国科学家罗伊德坚信,这块奇

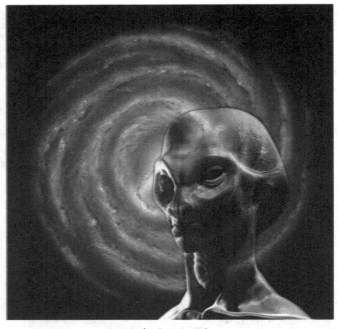

假想外星人形象

墨西哥怪异头骨.

异头骨是外星人与地球人混血儿存在的证据。他希望,实验室关于这块头骨的检测结果能最终支持他的这种判断。

最初的测试(比如计算机扫描、伦琴射线扫描和同位素检测等)结果表明，该生物生活在距今900年前，死的时候年仅5岁。这块头盖骨的尺寸特别大，比人类正常的头盖骨大400立方厘米，质量也比正常的大50%。除了超大号的脑后部，其眼眶还呈椭圆形。另外，DNA检测结果只能查出死者的母亲系"纯正"的地球人，但却无法查出其父亲的DNA。

这在罗伊德看来,是除了其头盖骨外观奇特之外,又一个证明其父亲是外星人的证据。

不过,批评家和怀疑论者认为,这名死者的奇异头骨只是基因突变的结果,比如早衰症患者。这种不治之症会让人的衰老速度比正常人快得多,有些甚至快 10 倍,另外,这种病也会让人的头骨比正常人的大很多。

◪ 人类到哪里寻找星外生命

1976 年美国海盗 1 号飞船在火星上降落,它并没发现可支持"火星上存在生命"的明显的生物活性迹象,而且海盗 1 号发回地球的照片,展示了一个荒凉、寒冷的世界。

对土星的卫星——土卫二进行的最新研究获得的成果,展示出在这颗卫星崎岖不平的表面下隐藏着暖水海洋。在"卡西尼"号飞船看到有间歇泉喷发出来的水蒸气从土卫二表面冒出以前,从没有人认为这颗直径大约是 300 英里的卫星有什么与众不同之处。

现在土卫二跟木星的卫星——木卫二一样,都是太阳系里似乎存在液态水和构成生命物质的地方。

天文学家也在研究围绕在其他恒星周围的大量类地行星。从 20 世纪 90 年代开始,他们已经确定出大约 340 颗太阳系外行星。其中大部分都是庞大的气态行星,但是最

火星

土卫二

木卫二

近他们开始搜索体积更小的世界。

我们已知的寻找生命的导向原则是那里必须要有水存在。直到现在为止，这条原则一直让科学家认为，只有满足以下条件的天体，才能成为生命的家园：适合的温度、岩质行星和表面拥有液态水。

当气候出现严重问题时，在距离太阳比地球稍近的范围内和在距离太阳比地球远大约30%的地方都有可能适合生命生存。要是根据有没有水的观点来判断，在我们的太阳系里没有其他地方适合生命生存。即使很多其他恒星也拥有太阳系，但是正好位于适合生命生存的轨道上的行星少之又少。

这些最新发现的生命形式——"极端微生物"生活的条件是如此恶

劣，50 年前的生物学家做梦也想不到能有生命可在这种环境下生存。巨型管虫、螃蟹和小虾喜欢生活在黑暗环境下、海面以下 1 英里深的地方和极热的热液喷口周围。

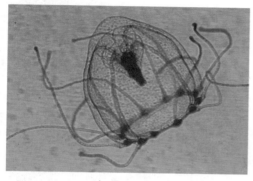

极端微生物

这些热液喷口就是我们已知的"黑烟囱"，它不断向海洋里喷出像烟柱的黑色氢化硫。利用这种热液喷口喷出的化学物生存下来的生物体不需进行光合作用。

一种细菌生活在南非 5 英里深的金矿内部。这些生物从我们从没想到的来源获得能量。南非极端微生物细菌是从岩石里不稳定的放射性原子获得能量。阳光和地表水对它不起任何作用。

这种情况非常令人吃惊。

极端微生物从非太阳能源获得能量的事实，说明星外生命也可能生活在类似环境下，在远离地表水和阳光的地下很深的地方繁衍生息。

◰ "地外生命"

2010 年 12 月 2 日，美国国家航空航天局(NASA)召开新闻发布会，宣布有关天体生物学新发现，并称该发现"将影响对地外生命证据的搜寻"。"地外生命"这一关键词使得流言四起，外媒及网络纷纷跟进猜测。

NASA 在媒体公告中称，计划本

NASA 标志

茫茫宇宙，真的还有其他生物吗

周四在其位于华盛顿的机构总部内召开一场新闻发布会，以"讨论一项关于天体生物学的发现"，且其"将影响对地外生命证据的搜寻"。

公告中还对"天体生物学"一词作了简要描述，称是一门关于宇宙生命的起源、进化、分布及未来的研究。发布会由电视及其官方网站进行实况转播。

鉴于"地外生命"一词的敏感性，消息公布过后仅十几分钟，已在外媒及网络上引起一场小型"海啸"。据哥伦比亚广播网报道称，这一看似例行的发布会现已产生严重轰动，由于NASA的公告中同时给出了出席发布会的专家名单，人们纷纷搜索出他们近期的研究背景。

这几位专家分别是：天体生物学家帕梅拉·康拉德，曾是一篇火星生命论文的主要作者；海洋学家费利·萨沃尔夫·西蒙，最近撰写了一篇用砷进行光合作用的论文；NASA天体生物学项目主管玛丽·沃特克；生物学家史蒂芬·贝纳，NASA喷气推进实验室"泰坦星团队"成员，而泰坦星就是土星的卫星——土卫六，卡西尼号探测器曾在土卫六大气层中探测到有机化合物；生态学家詹姆斯·埃尔瑟，正参与NASA

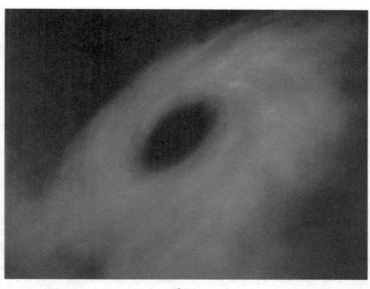

黑洞

泰坦星

资助的天体生物学计划。

外媒称这几人的身份简直"激发起民众猖獗的想象力"。猜测和流言在许多科学类博客和微博上蔓延，包括NASA或在土卫六上发现生命等等。

而这已不是NASA第一次在发布会前掀起波澜。就在11月16日，因NASA媒体公告中所用"异常物体"一词语焉不详，引发外媒疯狂猜测，后在会上宣布该物体为一观测年龄仅"31岁"的黑洞。

星系图

哥伦比亚广播网认为,这种发布会前的大肆宣传必会导致失望紧随其后。但这至少也暗示了太空探索正在稳步进行中。

霍金

◤ "最好别惹外星人"?

英国著名天体物理学家斯蒂芬·霍金警告说:"假如外星人什么时候拜访我们,我认为,结果会跟克里斯托弗·哥伦布首次登陆美洲差不多,那对于美洲土著人来说,并不太妙。"

他认为地球之外几乎可以肯定存在外星人,但人类不要努力去寻找外星人,根据地球文明的发展历史,人类最好不要跟外星人接触,以免被外星人征服。

浩渺的宇宙是否存在外星人？目前有两种观点：一种观点相信地球上的人类是"平凡"的，既然地球上的物质元素与遥远星球上的物质元素本质上是相同的，在宇宙中又存在着大量的与太阳系类似的星系，因而无论在哪个星系的行星上，只要具有与地球相似的条件，生命就会诞生，并出现外星人。

另一种观点与此相反，相信地球上的人类是"不平凡"的，地球之所以能进化出人

地球

影视剧中的外星人

类，乃是许多特殊条件相结合的结果，这些条件只要稍有不同或变更，生命便难以出现，地外文明更是无望。

人类在不断探索宇宙空间

古往今来，人类对外星人的思考和探索，始终有一种经久不衰的张力。人类的好奇心和求知欲，本来就是科学得以发展的重要动因之一，探索外星人自然也不例外。

例如，倘若在分子生物学的水平上，外星人的生命形式与地球生命迥然不同，那么就会使人类所知的生命模式从一增加到二或更多，人类对生命的普遍了解便会陡增，从而对人类自身的了解也大为深化；倘若外星人的基本模式与人类并无二致，这就可能意味着生命的基本模式只有唯一的一种，人们便可以深究生命为何必然如此。

当然，正如霍金的警告，从人类自身的安全出发，主动跟我们完全一无所知的外星人联系，确实有一定的风险。但是，人类已经向宇宙发出了许多综合信息，人类早已暴露在可能存在的比人类有更高智慧的外星人面前。因此，为了人类永久的安全，主动的策略还是要加强探索而不是去回避外星人。

◪ UFO 来过地球吗？

1878 年 1 月，美国德克萨斯州的农民 J. 马丁看到空中有一个圆形物体。美国 150 家报纸登载这则新闻，把这种物体称作"飞碟"。1947 年 7 月 8 日，地点是新墨西哥，美国陆军对外宣布，他们捕获了一只

UFO（飞碟），几个小时之后又撤回之前的声明！

1947年6月24日，美国人肯尼士·阿诺德在华盛顿州雷尼尔山上空，架着自用飞机，突然发现有九个白色碟状的不明飞行物体。

他向地面塔台喊出：我看见了飞碟。引起美国极大的轰动。几天之后，新墨西哥州的罗斯威尔发现神秘的金属残片。这就是进入工业革命后第一次全面的UFO报告。

1990年底至1999年间，比利时上空多次出现了不明的三角形飞行物，这是少数拥有超过一千多人以上目击者的不明飞行物体事件。

当时不止一般民众及警察目击，比利时军方以及北大西洋公约组织的雷达也侦测到这些不明飞行物体的存在，在当时以无线电联络失败以后，比利时空军多次派出F-16战斗机拦截，其间F-16曾成功以机上雷达描定其中一架不明飞行物体，但是被其以极高速逃脱。在经过一个多小时追逐后，无功而返。

事后比利时军方释出事件报告，史称"比利时不明飞行物体事件"，这也是极少数获得国家军方承认的不明飞行物体事件。

UFO

◥ UFO 史上第一篇文字记载

尽管对 UFO 的研究是近几十年的事，但关于 UFO 的记载可追溯到几千年之前。《圣经》一书在《以西结书》中就有 UFO 的记载。在《圣经》里面以先知的面目出现的就是"以西结"，他的名字的意思即为"神赐力量"。

飞向系外的探测器

这位具有神赐力量的先知，据说也目击了 UFO。"当三十年四月初五日，天就开了，得见神的异象。我观看，见狂风从北方刮来，随着有一朵包括闪烁火的大云，周围有光辉，从其中的火内发出好像光耀般的精金；又从中显出四个活物的形象来，他们的形状是这样：人的形象，各有四个脸面、四个翅膀，他们的腿是直的，脚掌好像牛犊之蹄，都灿烂如光明的铜；在四面的翅膀以下有人的手。"

在梵蒂冈埃及博物馆馆长的收藏物中，发现了一张古老的埃及莎草纸，记录了公元前 1500 年左右，图特摩斯三世和他的臣民目击 UFO 群出现的场面：22 年冬季第 3 日 6 时，

埃及法老木乃伊的棺材

生命之宫的抄写员看见天上飞来一个火环……它无头，喷出恶臭。火环长一杆，宽一杆，无声无息。抄写员惊惶失措，俯伏在地……

他们向法老禀报此事，法老下令核查所有生命之宫莎草纸上的记载。数日之后天上出现更多此类物体，其光足以蔽日，并展之天之四维……火环强而有力，法老站于军中，与士兵静观其景。晚餐之后，火环向南天升腾……

法老焚香祷告，祈求平安。并下令将此事记录在生命之宫的史册上以传后世。

◪ "罗斯威尔飞碟坠毁事件"

1947年7月8日，美国新墨西哥州罗斯韦尔的《每日新闻报》登出一条耸人听闻的消息："空军在罗斯韦尔发现坠落的飞碟。"这条新闻马上被《纽约时报》等各大报刊转载，被无线电波传遍世界。这条消息像一枚重磅炸弹，在美国公众中引起轩然大波。人们从四面八方奔向美国南部的新墨西哥州，在距罗斯威尔20千米外的一片牧场上，蜂拥而至的人流受到一排排铁栅栏和一队队荷枪实弹的士兵们的阻拦……

7月8日在距遍布金属碎片的布莱索农场西边5千米的荒地上，住在梭克罗的一位土木工程师葛拉第发现一架金属碟形物的残骸，直径约9米，碟形物裂开，里面有4把座椅上都有一具用安全带束紧在座位上

坠落的飞碟

的死尸这些尸体体型非常瘦小,身长仅 100 到 130 厘米,体重只有 18 千克,无毛发、大头、大眼、小嘴巴,穿整件的紧身黑色制服。

当日军队马上进驻发现残骸的两地,封锁现场。

以色列特拉维夫大学的地球物理学家科林·普莱斯说:"雷雨天产生的闪电刺激了上空的电场,促使它产生被称作精灵闪光的光亮。现在我们知道,只有一种特殊类型的闪电才能在高空引发闪光。"

研究人员已经在距离地面 35 到 80 英里的高空发现这种闪光,远远超过了闪电经常发生的距地面 7 到 10 英里的高空。虽然以前的研究称,闪光经常会迅速前行或者旋转飞奔,但是闪光也会以快速滚动的电球的形式出现。以色列科学家研究称,部分神秘的 UFO 现象可能跟令人费解的一种自然现象"精灵闪光"有关,这是一种由雷暴在大气高处引发的闪光。

闪电

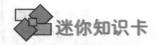
迷你知识卡

民间以及官方对 UFO 做的各种解释

1. 某种还未被充分认识的自然现象或生命现象;
2. 对已知物体,现象或生命物质的误认;
3. 特定环境下一些社会群体或个人的幻觉、心理现象及弄虚作假;
4. 地外高度文明的遗留产物;
5. 在外星人的操纵下造成的;
6. 人们不能自己制造,不能完全认识的智能飞行物或飞行器;
7. UFO 是未来人类所搭乘的可以超光速的环保工具。

第2章 UFO
——来自外星的"不明飞行物"

1. 来历不明的空中物体
2. 中国古代 UFO 事件
3. 墨西哥日全食期间出现 UFO
4. 新疆上空的不明飞行物
5. 伦敦上空的 UFO
6. 飞碟失事大部分是骗局
7. "UFO 舰队"
8. 美飞行员曾受命射下 UFO

▧ 来历不明的空中物体

UFO 又叫幽浮,也称飞碟(unidentified flying object,简称 UFO) 是指不明来历、不明空间、不明结构、不明性质,但又飘浮或飞行在空中的物体。全称为不明飞行物,一些人相信它是来自其他行星的太空船,有些人则认为 UFO 属于自然现象。

20 世纪 40 年代开始,美国上空发现碟状飞行物,当时称为"飞碟",这是当代对不明飞行物的兴趣的开端,后来人们着眼于世界各地的不明飞行物报告,但至今尚未发现确实可信的证据。许多不明飞行物

来历不明的飞行体

照片经专家鉴定为骗局,有的则被认为是球状闪电,但始终有部分发现根据现存科学知识无法解释。

UFO 一词源于二战时期目击到的碟形飞行物,虽然 UFO 不全是碟形,也有其他形状,但是毕竟还没有

任何文献资料能够明确定义飞碟,在飞碟被明确定义之前,它属于UFO。

20世纪以前较完整的目击报告有350件以上。据目击者报告,不明飞行物外形多呈圆盘状,即碟状、球状和雪茄状,也有呈棍棒状、纺锤状或射线状的。20世纪40年代末期,不明飞行物目击事件急剧增多,引起了科学界的争论。

到80年代为止,全世界共有目击报告约10万件。不明飞行物目击事件与目击报告可分为4类:白天目击事件;夜晚目击事件;雷达显像;近距离接触和有关物证,部分目击事件还被拍成照片。

儿童手绘飞碟

◩ 中国古代 UFO 事件

先秦时期的UFO纪录公元前1114年《拾遗记卷二》:成王即政三年,有泥离之国来朝,其人称自发其国,长从云里而行,雷霆之声在下,或

UFO 又叫幽浮

UFO 又叫幽浮

入潜穴，又闻波涛之声在上，视日月以知方国所向，计寒暑以之年月。

这篇是说泥离国的人有一种会飞在云之上，会潜在水中的飞行器，兼具飞机和潜艇的功能。我们以20世纪的人类的科技水准尚无法制成此种飞行器，因此文中所述可视为今日人类还没法知晓的UFO。

公元前1110年《史记周本纪》在记载周武王灭亡商朝之前二年，在黄河边，有火自上覆于下，至于王屋，流为鸟，其色赤，其声魄。在这里发红光芒的物体被称为火，从天上飞下来，飞到周武王宫殿上方，看似鸟形并发生震魄的响声。这个火应该是UFO而不是一般的鸟。

秦汉时期的UFO纪录公元前139年《资治通鉴卷十七》西汉武帝建元二年：夏四月，有星如日，夜出。此段记载了有一颗似太阳的光体在晚上出现，这个现象在《汉书武帝本纪》及《古今图书集成庶徵典卷十九》也曾记载著：四月戊申，有如日夜出。古人也应该知道太阳不会在晚上出现，所以这个在夜晚出现的，又如发着太阳般光芒的物体应是大型的UFO。

公元前32年10月27日《汉书

天文志》记载西汉成帝建始元年：九月戊子，有流星出文昌，色白，光烛地，长可四丈，大一围，动摇如龙蛇形，有顷，长可五六丈，大四围，所诎折委曲，贯紫宫西，在斗西北子亥间，后诎如环，北方不合，留一合所。

本则和流星所呈现的天象相似，首先出现在大熊座头部附近，然后飞行贯越大北斗，小北斗一带，大小变为原出现时的四倍，意指高度下降，看起来会比较大一些。

但是无法用流星来解释的是此光体的动摇如龙蛇形，也就是说它的飞行路线不是直线而是曲折的，再加上形状是由长形变成环形，这两点都不是自然界的流星该有的状况，因此将之解释为 UFO 合理。

元明期时的 UFO 纪录西元 1370

记载着外星人的石刻

年 8 月 4 日《明太祖实录》：明太祖洪武三年七月己亥，夜五鼓，有星大如盂，青白色。起自东北云中，徐徐东北行，光明照地，约长四丈余，散作碎星，没于云中。记录从东北方云中飞出的青白色星体，速度缓慢，光照地面，后又消失在云中，表示此物体并没有落到地面上来，因此不是流星而是 UFO。

墨西哥日全食期间出现 UFO

在相关记载中，最突出的一件事发生在墨西哥城——那天中午，黑暗笼罩全城，不只一人，而是几十个人同时拍摄到了来自外太空的神秘物体。

不明飞行物

1991年7月11日，随着日全食的发生，墨西哥城渐渐陷入黑暗。上千人把摄像机镜头对准天空，拍摄这一奇观。不明飞行物研究员吉列尔莫·阿雷金永远不会忘记那一幕。

吉列尔莫·阿雷金说："我到屋顶上去拍摄日全食，却看见空中有一个亮点。于是，我把镜头对准了它。我意识到，我正在拍摄的是一个来回摆动着的不明飞行物，不是什么行星或恒星。"

全国闻名的调查记者贾米·莫桑，主持了一个长达10小时的节目，讨论不明飞行物目击事件。贾米·莫桑说："这段节目播出后，有很多人打电话来，说看到了。可以清楚地看到一个发光物体像是金属的，底下还有黑色的阴影。这是一个银色的碟状物体。我们相信这不是恒星，也不是摄像机的失真问题。这段录像证明，飞碟确实存在。

揭开墨西哥不明飞行物的真相，或许不必去其他星球寻找线索。瑞典天文学家、摄影师汤姆·卡伦认为，墨西哥城的不明飞行物目击者，的确看到了奇异的景象，而且是不属于地球的景象；但并不一定就是外星人制造的。在墨西哥城的录像中，天是暗的，因为发生了日食，可以看到天上飘着几块云，然后，镜头拉近，对准了这个物体。

有一款计算机软件，可以描绘出任何一天、世界任何一个地方的天空。计算机正在模拟月亮经过太阳前面的那一刻，天空变得漆黑，有几个天体变亮了。就在拍摄到不明飞

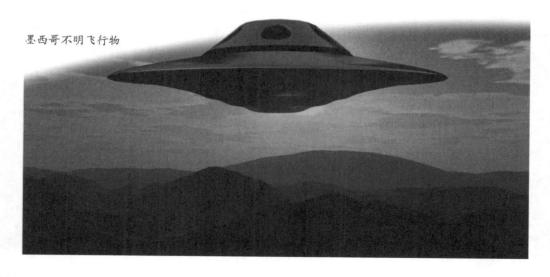

墨西哥不明飞行物

飞碟

行物的位置上，一个格外明亮的物体出现了。

汤姆·卡伦汤姆认为，这是摄像机自身的问题——镜头在聚焦远处的亮点时，造成了三维立体的效果。画面上的那条黑线，不是什么物体的底盘，而是摄像机造成的假象。这样一来，一个很普通的天体也变得有些神秘了。

◤ 新疆上空的不明飞行物

2005 年 9 月 8 日晚 9 时 18 分，在新疆喀纳斯地区距地面约 200 千米高度的上空，该飞行物边朝着西北方向飞行，边向 5 个不同方向喷射物质，喷射物的角度呈 80 度。

一会，该飞行物又停止了喷射，呈现为螺旋状的发光物向正北方向飞行，直至消失在夜空，整个过程持续了 3 分多钟。

向不同方向喷射物质，之后又呈现为螺旋状发光物，这两个特征同时出现在同一飞行物上，这在以前还是没有过的。有人以为该飞行物是彗星，但经过认真观察比较后，排除了这种可能性。

被疑似为飞碟的光点

原因有三：首先，若是有如此亮的彗星接近地球，天文学者应该很早就会发现；其次，尽管彗星的尾巴很长，但彗星移动的轨迹相对来说要缓慢得多；第三，两者的尾巴形状也有差异，彗星喷射出的每一条尘埃尾巴要更宽一些，且带点弯曲。

根据当时出现的参照物和飞行物表现出来的特点，基本上可以确定该飞行物不是人类的杰作，可能与地外文明有关。

◤ 伦敦上空的 UFO

1977 年总共报告 435 起 UFO 目击事件。英国政府 14 日公布的解密文件称，一艘外星人飞船曾出现在利物浦上空，同时还有一不明飞行物盘旋在伦敦的滑铁卢桥上空。

这 8 份涵盖了自 1978 年到 1987 年的记录，是应 UFO 研究人员请求，在保护言论自由的名义下，由英国国家档案馆发布。文件首次详尽地披露了在伦敦上空发现了上百个离奇的不明飞行物。文件公布后，比起外星人来访，英国国防部更担心这些不明飞行物是其他国家派遣的密谋间谍行动。

彗星

据英国《太阳报》2月28日报道，英国埃克塞特大学女学生卡罗琳娜·斯拉夫卡·穆勒今年1月到英国伦敦度周末时，竟然在伦敦塔桥和"伦敦眼"附近都拍摄到了一个神秘的"飞碟"。

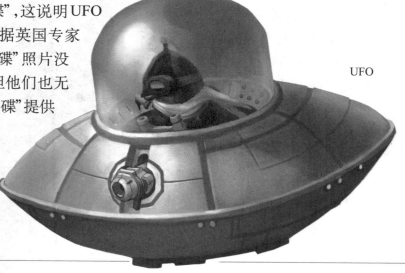

3D 效果 UFO

令穆勒困惑的是，她当时根本没有用肉眼看到"飞碟"，这说明UFO可能有隐形能力。据英国专家称，穆勒拍到的"飞碟"照片没有经过任何篡改，但他们也无法对伦敦上空的"飞碟"提供任何合理的解释。

英国 UFO 研究员克里斯·马丁说："我自己的评断是，这些照片

是真实的，它们绝不是数据篡改或恶作剧的产物。作为一个 UFO 研究者，我的观点是这些照片绝对令人惊讶，它们显示了一个处于智能生物控制下的真正的飞碟，这是一种传统的碟状不明飞行物。"

英国国防部发言人拒绝对伦敦上空拍到的神秘"飞碟"照片发表任何评论，这名国防部发言人说："英国国防部只会在确定英国空域受到敌意威胁或出现非授权的军事活动时，才会对这些目击报告展开调查。除非有证据显示英国面临潜在的威胁，否则我们不准备调查和确认类似的

UFO

飞碟坠落

UFO 目击报告。"

◣ 飞碟失事大部分是骗局

骗局一:前苏联外星碟状飞行物

1952 年夏,欧洲开始出现一些传言,称挪威人在斯匹茨卑尔根群岛上找到一个怪怪的碟状装置:挪威的喷气式飞机在斯匹茨卑尔根群岛上空开始夏季演习……空军大尉奥拉弗·拉尔森偶尔往下一瞧,马上开始向下降落,整个航空中队也跟他一起降落。在白雪皑皑的大地上,有一个直径 40 至 50 米的金属圆盘在闪闪发光……

飞行物直径 48.88 米,圆形,未发现有乘员。它由一种尚无人知道的金属合金铸成,边上安装有 46 台自动喷气式发动机。根据前苏联专家们的意见,这些发动机是用来转动中央有机玻璃球的圆盘,球内装有测量仪器和遥控装置,在那些测量仪器上还发现一些俄文字母。计算表明,这个圆盘可以在 160 千米以上的上空飞行。地球上空的宇宙空间始于 100 千米高度，活动半径为 3 万千米。

1952 年，挪威空军只拥有两架喷气式飞机，这两架飞机都只能停靠在距奥斯陆 50 千米的加尔德莫延军用机场。第一架飞机的活动半径为 980 千米，第二架为 1 610 千米，而机场到斯匹茨卑尔根群岛的距离约为 2 000 千米。由此看来，挪威空军根本就不可能有喷气式飞机在那里进行"夏季演习"，它们就不可能飞到群岛上空。

骗局二：16 具神秘小个子类人动物尸体

1948 年 3 月有一"飞碟"在美国新墨西哥州的阿兹特克小镇以东的高地上坠毁，当地居民还在里面发现 16 具小个子类人动物的尸体。报纸是这样描写的："大大的、有些斜视的眼睛，鼻子和嘴都很小，柔弱的身躯，细长的脖子，胳臂几乎长及膝盖，手指细长，中间像是有蹼。"

有关此次飞碟失事的消息甚至

外星人

UFO 飞行轨迹

神秘飞碟

传到了当时联邦调查局局长胡佛的耳朵里。但实际上这件事纯属虚构，是由两个骗子——列奥·格巴威尔和赛列斯·牛顿制造的骗局。

在骗局受到揭露之后，曾买下探测器的丹佛百万富翁格尔曼·弗列德尔才明白自己上了骗子的当，把他们告到了法院。1952年10月14日，丹佛的检察官向牛顿和格巴威尔提出起诉，控告他们犯有诈骗罪，从弗列德尔手里骗取了5万美元预付款，说是用来借助"地外电子甲虫"对石油钻井的钻探进行研究。

骗局三：英国小镇的地外来函

1957年11月21日，在英国的西尔佛·姆尔小镇附近，有个叫弗朗克·狄肯逊的人发现有一个发光的物体降落。他跑过去一看，才看出是一个奇怪的圆盘，旁边还站着两个地球人，他们同意只收取10个英镑便把这个玩意儿卖给了狄肯逊。

"不明飞行物"是典型的"飞碟"形状，直径为46厘米，高23厘米，重约16千克。弗朗克还在里面发现了

17 张非常薄的、上面有纹象印痕的铜箔，没看到有发动机的任何迹象。

通过金属研究表明，"飞碟"的所有部件都是用地球上的金属铸成，其铅"壳"就是在摄氏 150 度以上也不会发热。但是，如果说飞船是从地球的大气层中降落，它会烫得更加厉害。

影片中的飞碟

曼彻斯特大学的语言学家轻易便破译了像是外星人乌洛和塔尔恩基写来的"信"，发现信文里通篇都是当时常犯的一些常识错误。

比如说，里面提到人不能飞向太空，会因为过载而死掉。可不明白的

是，那些骗子是如何模仿飞碟降落的呢？

骗局四：美国人的"独脚外星人"

美国的飞碟问题专家别尔利茨和穆尔写过一本名叫《罗斯韦尔事件》的书，里面有一张模糊的照片，照片上是两个美国士兵押着一个戴氧气面罩的类人动物。照片是于 1950 年 5 月 22 日送到联邦调查局的，后来被俄罗斯飞碟问题专家多次翻印。有个姓名在联邦调查局解密文件上已被抹去的情报员对间谍约翰·科文说，他是用 1 个美元买来这张照片并"交给了政府"，因为这是一张上面映有"美国火星人"的照片。据他说，照片最早是 40 年代末出现在西德的威斯巴登市。

当别尔利茨和穆尔的书流入西德，有个叫克拉乌斯·韦伯涅尔的对飞碟抱怀疑态度的人马上看出他见过这张照片：它原来是从发表在 1950 年 4 月 1 日 Viesbadener Tageblatt 报的一篇短文上复印下来的照片。短文里说，之前城市附近有个不明飞行物坠毁。被美国人抓到的那个外星人只有末端是个圆盘的一条腿，只能一蹦一蹦地走路，而手上的 4 个手指的指甲都很特别。

尽管短文发表的日期已经很能

"UFO 舰队"

说明问题，韦伯涅尔还是去找到了该报当时的编辑威廉，后者证实那完全是报纸摄影记者汉斯搞的一个愚人节玩笑，由汉斯的5岁儿子来扮的外星人。后来，编辑部又对照片进行了仔细的修描。至于那两个美国士兵，他们是得到上司的允许来参加这一活动的。

"UFO 舰队"

现年64岁的阿兰·特纳中校曾在英国皇家空军雷达系统服役了29年。1971年，他和战友们从军事雷达屏幕上监测到"UFO舰队"。

据报道，1971年，特纳在现已被停用的英格兰多塞特郡索普雷基地服役，时任雷达班班长。当年一个晴朗的夏夜，他和战友们从军事雷达屏幕上监测到惊世骇俗的一幕：多达35个的UFO排成一队在3 000英尺（约914米）至6万英尺（约18 288米）的高空作等距离飞行，飞行时速约为300英里（约483千米）每小时。

每个UFO只在屏幕上闪现数秒钟便渐渐消失，取而代之的是另一个同样的UFO。以此类推。特纳回忆道："我立即意识到这不是一支军事飞机。当时能够以如此速度攀升的飞机只有"闪电"超音速战斗机，可是它们不可能保持如此完美的阵型，并且会发出巨大的噪声。可是那天晚上，没有人听到一丝动静。"

据特纳称，无独有偶，位于伦敦希思罗机场的 6 台军事雷达及其操作员们当时也监测到了这一神奇事件，并且将这些 UFO 出现的方位锁定在英格兰索尔兹波平原的东部。同年，他们将这一难以解释的奇特现象报告了上级。

英国皇家空军的首长事后绘制出这支"UFO 舰队"的飞行路线图，结果发现后者途经诸多英军军事要地。比如，英格兰威尔特郡的林汉姆皇军空军基地，位于赫特福德郡布鲁克曼公园的飞行导航信号发射地，等等。

然而，英国国防部在接到这起神秘事件的报告后，于 3 天后派人视察了英国皇家空军的营地，并且随即下令所有目击者和当事人不得向外界透露此事。1984 年，特纳由于在军中的出色表现，被授予大英帝国勋章。1995 年，时年 51 岁的特纳中校从英国皇家空军光荣退役。直到那时，他也未敢对当年那起"UFO 舰队"事件透露半个字。

10 月，特纳将作为特邀嘉宾，出席在英格兰西约克郡庞蒂弗拉克特市举行的一个名为"近距离接触"的 UFO 讨论会。时隔 37 年，退役多年的特纳终于于近日首次披露了当年那一神秘事件的绝对内幕。

假想的太空生物

美飞行员曾受命射下 UFO

1957年5月20日夜间，两名美军飞行员受命从英国英格兰地区东南角一处英国空军基地紧急起飞，拦截雷达上出现的不明飞行物。

"它是一个具有十分不寻常飞行姿态的飞行物体，"一名飞行员在1988年经由一名不明飞行物迷邮寄给英国国防部的口述记录文件里说，"最初的简报说，那个不明飞行物实际上较长一段时间没有移动。"

当时是多云天气，两名飞行员受命全速飞行，其中一名飞行员说，他得到向不明飞行物连射24枚火箭的命令。

"坦率地讲，我几乎尿了裤子，"他说，他请求总部确认开火命令并得到确认。解密文件未提及那两名飞行员的姓名，但现年77岁、居住于美国佛罗里达州迈阿密的美国空军退役飞行员米尔顿·托里斯告诉英国天空新闻频道，他就是当年那两名飞行员中接到开火命令的人，过去50年一直试图弄清那次经历的真相。

托里斯说，他当时没有用肉眼看到那个不明飞行物，但惊奇地发现它在自己F-86D"佩刀"战斗机的雷达上浮现。

"当它进入雷达时，突然决定飞高并把我甩在后面……我知道的下一件事就是它没影了，"托里斯告诉

雷达可以测到不明飞行物

天空新闻频道记者，"它大概是外星人的飞行器，速度如此快，如次难以置信……绝对是在挑战死亡。"

解密文件中，这名美军飞行员说当时看起来击中那个不明飞行物是十拿九稳的事。"雷达上的点如此集中，仿佛在屏幕上烧出一个洞，"他说，"它和我曾接收到的B-52轰炸机雷达信号类似……我锁定范围如此之大，如同锁定一艘会飞的航空母舰。"

接到开火命令后，当他接近目标准备战斗时，那个不明飞行物突然疯狂移动，从他的雷达中消失。

"对究竟发生了什么，我连最模糊的概念都没有，也没有任何人向我解释任何事，"这名飞行员说。

他说，降落后，他被带到一个身着平民服装的男子那里，男子告诫我这将被认为是高度机密的内容，我不应同任何人谈论它，甚至我的指挥官。该男子连一句再见都没说就离开了。

根据解密文件，另外一名在场飞行员描述的场面有所不同。他说，他不是在雷达上看到一个、而是多个"未知飞行物体"，不记得降落后有任何人告诉他要保密，"我知道这不是十分激动人心的叙述，但我能记住的就这些"。

假想 UFO 遇袭

 **迷你知识卡**

UFO 飞行姿态

常见的一种 UFO 的飞行姿态是纹丝不动地悬停在空中或离地不高的半空中，而且丝毫见不到能确保这一凌空悬停动作是靠一种机械作用来表现的。很显然，无论如何，UFO 也不会利用普通飞机所借助的空气动力学上的升浮力来飞行；同时，UFO 也并非凭借像直升飞机那样的螺旋桨来悬停；加上 UFO 飞行时既无气流又无烟团，从而也排除了它使用普通喷气发动机喷气推动力的可能。几乎每一个 UFO 研究者都会产生这样的印象：UFO 拥有能够抵消引力的某种机械装置。事实果真如此吗？

第3章 UFO 出没，人类请注意

1. 月球 UFO 机密事件
2. UFO 肢解牲畜？
3. 五花八门的"外星人"光临地球
4. 伦敦不明飞行物
5. 西部牛仔与外星人
6. 英国是 UFO 目击事件最多的国家
7. 追杀 UFO 七小时
8. 日历藏着外星人信函？

◤ 月球 UFO 机密事件

　　自 1972 年 12 月美国"阿波罗 17 号"飞船返回地球、美国结束"阿波罗"登月计划后，30 多年来，美国和苏联从此再未进行过任何载人登月任务。一种观点认为，这是因为所有 25 名飞往月球的美国宇航员都曾在月球上发现过不明飞行物，对外星强大科技的"畏惧"，促使美国宇航局 NASA 放弃了载人登月任务。

　　1973 年，NASA 第一次公开了登月任务的一些结果。在一份秘密声明中，NASA 称，所有 25 名参与"阿波罗"登月任务的宇航员都曾在月球上空遭遇过不明飞行物 UFO。

　　美国前登月计划负责人韦赫·冯布朗生前称，数次"阿波罗"登月任务

阿波罗登月飞船

41

阿波罗登上月球

都遭到某种地外神秘力量的监控。1979 年，美国 NASA 前通讯主任莫里斯·查特连称，宇航员在月球上空和不明飞行物相遇是一件"平常事"。

一种阴谋论观点认为，人类所有"载人登月任务"在 30 年前突然中止，是出于对在月球上存在的外星力量的恐惧。阴谋论者认为，月球是外星智能生物研究地球的最好平台，它距离地球不算太远，并且月球的一面永远面对地球，这意味着外星生物可以安全地栖身在月球的另一面。

UFO 专家称，月球黑暗的另一面有好几个外星生物基地，今年，目本天文学家就在月球表面拍摄到了好几个 500 米到 1 000 米长的黑色物体，它们以 Z 字形的运行轨迹快速穿过月球表面。

苏联科学家亚历山大·柴巴可

月球着陆器模型

夫和米凯·瓦辛甚至认为月球是"空心"的,他们认为月球是经过某种智慧生物改造的星体。

NASA一份解密档案显示,月球在某种程度上可能真是"空心"的:1970年4月,"阿波罗"13号飞船服务舱里的液氧贮箱突然过热导致爆炸,接着一截15 000千克重的火箭金属部分坠向了月球表面,设置在月球上的地震仪记录到了长达3小时的震荡余波。如果月球是实心的,这种声音只能持续一分钟左右。

1671年,300多年前的科学家卡西尼就曾发现月球上出现一片云。

1786年4月,现代天文学之父威廉赫塞尔发现月球表面似乎有火山爆发,但是科学家认为月球在过去30亿年来已没有火山活动了,那么这些"火山"是什么?

1843年曾绘制数百张月球地图的德国天文学家约翰史谷脱,发现原来约有10千米宽的利尼坑正在逐渐变小,如今,利尼坑只是一个小点,周围全是白色沉积物,科学家不知原因为何。

7月21日,当艾德林进入登月小艇做最后系统检查时,突然出现两个幽浮,其中一个较大且亮,速度极

月球

快，从前方平行飞过后就消失，数秒钟后又出现，此时两个物体中间射出光束互相连接，又突然分开，以极快速度上升消失。

你，那里有其他的太空船在那里……在远处的环形坑边缘，排列着……他们在月球上注视着我们……"

苏俄科学家阿查查博士说："根据我们截获的电讯显示，在太空船一登陆时，与幽浮接触之事马上被报告出来。"

1969年11月20日，太阳神12号太空人康拉德和比安登月球，发现幽浮。1971年8月太阳神15号，1972年4月太阳神16号，1972年12月太阳神17号等等的太空人也

宇航员阿尔德林在月球表面

月球万户坑

在太空人要正式降落月球时，控制台呼叫："那里是什么？任务控制台呼叫太阳神11号。"

太阳神11号竟如此回答："这些宝贝好巨大，先生……很多……噢，天呀！你无法相信，我告诉

假想 UFO 造访地球

都在登陆月球时，见过幽浮。

科学家盖利曾说过："几乎所有太空人都曾见过不明飞行物体。"

第六位登月的太空人艾德华说："现在只有一个问题，就是他们来自何处？"

第九位登月的太空人约翰杨格说："如果你不信，就好像不相信一件确定的事。"

◣ UFO 肢解牲畜？

60 年代后期开始，至到 70 年代中期，在美国中部各州纷纷出现大批农场牛羊马等被发现暴尸荒野。数目也由 1967 年的第一次正式报道里面发生于科罗拉多州的个位数，达到了 70 年代高峰时期的数千头，情形越演越烈，从一两个州到最后有 15 个州正式报告了同类神秘事件的发生。

报道中显示，大部分的牲畜被发现时生殖器官被整齐割去，有的内脏被彻底摘除，附近不见任何血迹，还有的牲畜半边脸被整齐切割。

并且同时还多次有人报道看见不明飞行物体伴随出现，而大量牲畜尸体从天而降。当时民间流传外星人入侵，大批农民恐惧到紧锁门户，持枪戒备，严阵以待，以防自己会被外星人撕成粉碎。

当时有一则警方的报告详细记

录了令人毛骨悚然的疑似外星生物的恐怖活动。该报道中指出有许多奶牛从牧场建筑附近被不明飞行器扔下，附近没有半点血迹。

美国联邦调查局立案前美国森林部已经展开了调查，后来连火器烟草管理局也出动过，统统无功而返。

FBI 成立专案组并且派出特工前往各州偏远地带的案发农场调查该神秘的大量牲畜被残杀事件。

中央情报局和美国能源部门也开始对奶牛进行生物试验。部分尸体被送到世界著名位于新墨西哥州的咯斯阿拉墨研究化验，但是以当时世界上最先进的仪器配合尖端科学家们的努力，依然没有查明出事的原因。

根据 1975 年 FBI 探员隆美尔做

肢解的牲畜

秘密 UFO

出的长达297页的最后报告,其结论为"肢解奶牛"事件主要为自然掠夺的结果,但是,其中包含不能被已知的传统智慧和知识所判断的异常现象。而美国联邦调查局在无法确定有任何可疑人士能为肢解案负责,此案至此不了了之。

但是民间的传闻和研究至今不断,包括病毒细菌感染,被野生动物猎杀等等,但其中最令人感到神秘莫测的当然是UFO的杰作这一推论。

外星生物

▧ 五花八门的"外星人"光临地球

英国女子自称遭遇17次外星人:英国女子布里奇特·格兰特称自己40年间17次遇到外星人,包括5次近距离接触,她可能是世界上受到外星人访问最多的英国人,被称作"UFO磁铁"。

格兰特说,当她第一次遇到外星人时只有7岁。当时她正要回家喝茶,路上遇到一个与她差不大的女孩。小女孩向格兰特展示了香港钞票以及她的房子。但当第二天格兰特再次去找小女孩时,已经找不到那栋房子,只剩下一片旷野。

泰国村民祭拜不明生物:2010年6月,一段令人震惊的影片在网络引发争议,影片显示,在泰国某个村庄里,村民在寺庙的祭坛前祭拜着一具神秘生物的遗体,这个生物疑似外星人。是否因为未知,而让村民把它当成神灵?

假想的外星人形象

外星人宝宝降临墨西哥农场:墨西哥电视台于2010年2月公布了一条令人难以置信的消息,2007年5月在该国的一个农场内,人们在一个动物陷阱里发现了仍然活着的外星人宝宝!科学家们用核磁共振成像技术对外星人宝宝进行了DNA比较和分析工作。

外星生物玩偶

据悉,外星人宝宝的尸体标本不是人造的。它的身体构造与蜥蜴的非常类似。有人怀疑,这个宝宝是外星来客造访地球之后,无意中或者带有某种意图故意留下来的。

斯里兰卡上空突现甜甜圈怪相:2011年3月2日泄露的某机密文件称,上个世纪70年代其实是目击UFO事件的鼎盛时期,成百上千的人们目击了天空上外星生命存在的痕迹,正如2004年斯里兰卡上空出现的七彩光,让某些外星人爱好者对外星生命的存在更坚信不疑。

2004年,一名退休的英国皇家空军军官在斯里兰卡目睹了天空中出现的甜甜圈形状现象,并将之拍摄下来送至北约克郡英国皇家空军菲林戴尔他的前上司手中。

他将之描述为"一个像甜甜圈似的环状,颜色呈橘黄色,中间貌似有根白色奶油手指涂抹了下,甜甜圈背后似乎有着第二层颜色。"

FBI密件证实外星人存在:美国联邦调查局(FBI)于2011年4月披

外星生物模型

"三个所谓的碟形飞行物，每个飞碟里都有三个类似人形的尸体，他们都穿着金属制的衣服，面料相当好，全身上下包得紧紧的"。

只有两条腿和一个头的"外星人"：2011年4月，美国加州的一对退休老年夫妇无意中拍到，两个诡异的生物午夜在马路上漫步的情景。从视频中可以看到，大约在3月份的某天午夜2点17分左右，从摄像机取景框的左上角突然出现了两个诡异的影子。

它们两腿分开，摇摇晃晃地向前走着。他们没有手臂，两条细细的腿上有一个椭圆形的脑袋。第一个生物大约有1米高，另外一个体型更小，只有约30厘米高。

外星人曾观看足球赛：英国国防部和国家档案局2010年5月18日公开一批1994至2000年间收到的UFO报告。

在这些报告中，很多目击者描述出了不明飞行物、甚至外星人的模样。其中最有趣的一次事件发生在

露了一批密件，其中一份证实了"外星人的真实存在"。据报道，在UFO探索历史上，发生在1947年美国新墨西哥州的"罗兹威尔"事件一直被人们热议。

据悉，这一文件是1950年时任FBI局长胡佛的备忘录，该备忘录中记载了有关1947年罗兹威尔飞碟坠毁案的部分细节，直指当时确实有外星人存在。

报告中称，一名空军调查员告诉他，新墨西哥州罗兹威尔市发现了

1999 年 3 月，当时在斯坦福桥体育场内，英超劲旅切尔西和曼联正在进行一场足总杯的比赛。

一名警察发现，在体育场的上空突然出现了 4 道亮光，一个 UFO 停留了大约 15 秒钟，并有四方形变成了长菱形，最后消失。

伦敦不明飞行物

英国最新公开的 UFO 档案显示，有人在格拉斯顿伯里音乐节看到外星人活动，在雷特福德市政厅外看到一个飞碟，还有人讲述了 1956 年英国皇家空军是如何在一个军事基地附近秘密行动拦截 UFO 的。

这些档案包括，1956 年在萨福克皇家空军莱肯希思基地发生的非常著名的 UFO 事件的第一手证据。

据已经退休的皇家空军战斗管制官弗雷迪·温布尔顿回忆，皇家空军紧急起飞一架战斗机，用来拦截在雷达显示器上看到，而且地面观察者也看到的一个 UFO。这个 UFO 紧随战斗机，"追踪它的一举一动"，然后"以令人不可思议的速度"迅速飞走了。参与此事的工作人员都要求发誓对此保密。

这一系列图片是由亚历克斯·比尔奇拍摄的，目前已经排除了是镜头闪光和飞机的可能性。他与国防部

不明飞行物

有人称看到 UFO

取得联系，2004 年 7 月把这些图片寄给英国国防地理影像情报局（DGIA）。这张照片经过了数码化处理，该局说："从提交的证据无法得出最终定论，然而它很可能是被照亮的飞机从镜头画面中心经过时，凑巧画面因液滴等原因发生扭曲。"

档案中最奇怪的一个叙述是 2003 年看到在伦敦东达利奇上空蜿蜒前进的"蠕虫形状的"UFO。

一位母亲和她的女儿向警方汇报了这一发现，但是据稍后她们在提交给英国国防部 UFO 办公室的陈述中说，来到现场的治安官里有两个穿着"太空服，戴着黑墨镜，自称默克与明蒂"的男人。

这位母亲抱怨说，这让她们"看起来显得很傻，很可笑"。她在 2003 年 1 月 21 日的一封信里说，"这两个人说了很多废话，他们可能是故意想让我们看起来显得很傻，让我们的故事显得不可信，最终他们成功了，他们达到了目的。"

警方向国防部反映说，他们派了两名普通警员去现场，但是"他们没在天空看到任何东西，因此他们

F-16 战斗机

推测，这对母女看到的可能是恒星和街灯在她们的窗户上产生的影像"。

据另一份报告描述，2003 年 6 月 28 日，一些神秘的光在格拉斯顿伯里音乐节的主舞台上空大约 300 英尺(91.44 米)高的地方移动。这些档案还包括很多在 2006 年夏看到 UFO 的报告，据其中一份描述，天空中出现了橙色光结构。

专家推断说，这些显然是在公共场所释放的中国纸灯笼。其他此类事件包括：2007 年飞行员和飞机乘客在海峡群岛上空发现 UFO；1990 年，一架 F-16S 战机紧急起飞，用来拦截比利时上空的 UFO。

西部牛仔与外星人

据国外媒体报道，在电影《牛仔与外星人》中，故事讲述了外星人攻击新墨西哥州的一个小城镇。很多人都认为与外星人接触已经不算是什么新鲜的事儿了，而且外星人已经不止于现在到过地球，早在几千年前就来到地球了，对于这些观点和说法，一些人都深信不疑。

比如，一位瑞士作家埃里希写了一本关于外星人的书，书中罗列了一系列的证据来说明埃及的金字塔是由外星人建造的，当然，这些证据并不是具有权威性。

迄今为止最详细同时也是最有戏剧性的关于"牛仔与外星人"接触的事件发生在1897的美国德克萨斯州。

《牛仔与外星人》剧照

在当年4月19日的达拉斯晨报上进行了报道。在当天早晨的6点左右，小镇上的居民看见天空中出现一艘飞艇，由于莱特兄弟在1903才发明飞机，所以当时还没有飞船这个概念。这艘突然出现的飞艇划过天空，撞上当地一名法官的农场里的飞车，坠毁爆炸，残骸散落在好几亩地上，同时还发现了一具外星人的尸体。

这个消息在外星人接触事件中具有较高的影响力，也是一个代表性的事件。其中有个细节描述看起来似乎很符合现代化的特征，那就是这艘"飞艇"中只有一个外星人，或者说只有一个飞行员，这个描述在当时连飞机都没有的情况下，似乎有点儿真实性的写照，因为我们现在飞机的驾驶员一般也只有正副驾驶。而那个外星人宇航员的遗体在坠毁是已经被毁容，根据当时的描述，居民称他绝对不是我们这个世界上的人。

威姆斯是当地的一名陆军士兵，在他的叙述中，这个坠毁的外星人是来自火星。在外星人的身上还找到了一些记录，看上去像是奇怪的象形文字，当时还不能被破译。

而建造飞船的是一种未知的金属，有点儿类似铝和银的混合物，重量较大，可能有数千千克重。而今天，那个小镇上的居民都见过这个飞艇坠毁的地方，也在收集奇怪的金属碎片。

这个惊人的外星人接触事件具有非常多的特征，让人感到这个事件

机后惊现 UFO

就是真实的。比如,坠毁的飞船、数十名小镇居民目击、死亡的外星人还有金属残骸等等,在这些元素的综合作用下,使得这起外星人接触事件变得非常的扑朔迷离。

◤ 英国是UFO目击事件最多的国家

英国做为全球 UFO 目击的高发地区,据政府统计,每年发生在英格兰和苏格兰的UFO目击事件超过2 000 件。

2011 年 8 月 4 日,英国广播公司(BBC)第 5 电台节目的一名体育记者,日前在直播节目中告诉数百万听众,他竟然在去机场的途中与 UFO 擦肩而过。

这名体育记者名叫迈克·塞维尔称自己于 3 日早晨驾车前往伦敦斯坦斯特德机场途中,在赫特福德郡乡村地区上空发现一个巨大的“碟型”飞行器在盘旋,这让他目瞪口呆。塞维尔随后打电话给正在主持节目的老板尼基·坎贝尔,向数百万听众讲述了自己的经历。

塞维尔说,他敢肯定那不是一架飞机或直升机,而是一种“碟型”飞行器,周围总是有几个亮点围绕着它,其下面还有两个巨大的面板灯,发出柔和的白色的光。这个 UFO 只在特定区域循环飞行,塞维尔一直盯着它看了两三分钟。塞维尔称自己前面的一名货车司机也看到了那个UFO。

2011年8月22日,英国警方周末夜里接获报案,有人看到一个外观像气球的蓝色"不明飞行物"(UFO)落入相传有水怪的尼斯湖,警方与海岸巡逻队出动救生艇,联合空军派遣的直升机进行海空搜寻,一无所获。

据报道,苏格兰警方当地时间20日晚上8时接到报案,有群众称,自己看到一个"圆形、形似气球的蓝色物体"落入尼斯湖当中。

警方分析称,这个物体可能是飞行伞或轻型飞机。不过,经过长达3个小时的搜寻,没有任何发现。

另一名当地居民则说,自己在山坡上烧烤时,注意到天空中有一个白色球状物。起初,她以为那是一颗星星,但距离很远的它按照一个固定轨迹在天空中移动,飞行轨迹"很不一般"。

◪ 追杀UFO七小时

英国《观察家报》昨天披露,早在上个世纪50年代,英国皇家空军曾受UFO事件的严重困扰,甚至出动战斗机追杀UFO。这起事件引起美军的高度关注并予以记录,有关"绝密文件"日前得以解密。

这起"飞碟"事件发生在冷战时期的1956年8月13日,地点是英国东部的莱肯尼斯。当日,英国皇家空军和当地警方接到无数个居民打来的电话,称在莱肯尼斯的天空中到处飞满了发着亮光的不明飞行物。

莱肯尼斯的英国皇家空军接到电话后,立即派出十多架战斗机冲上

相传出现过UFO的尼斯湖

战斗机追杀 UFO

天空,在军事雷达屏幕上,英国战斗机飞行员成功地捕捉到了这些不明飞行物的痕迹,并花了至少7小时的时间试图追踪并击落这些不明飞行物。

据美军解密文件显示,当时在英国空军雷达屏幕上显示的不明飞行物大约有"12 个到 15 个左右",为了追上这些不明飞行物,英军战斗机飞越了至少 50 英里的距离。

其中一个不明飞行物被记载为"飞行时速超过 4 000 英里"。这简直是一个让人震惊的速度,解密文件写道:"雷达屏幕专家相信,这决不是什么雷达机械故障造成的幻象,而是天空中的确有某种极高速飞行的不明物体在移动。"

文件披露,英国空军飞行员在雷达屏幕上注视到,发出白光的不明飞行物以令人难以相信的速度穿越着英国的上空。有时候这些物体会组成奇怪的编队飞行,有时候这些物体会来一个突然的急转弯,以目前科学所知的动力学观点来看,这种高速飞行下的急转弯是人类的水平根本无法达到的。

文件披露,其中一个不明飞行物被一架英军战斗机雷达跟踪了长达 26 英里,它在空中盘旋了足有 5 分钟,就在英军战斗机快赶上的时候,这个不明飞行物突然消失了。

◥ 日历藏着外星人信函?

在古代,地球上许多的民族被大洋和荒漠所隔绝。然而,这些民族的传说和神话故事中却有许多事件和情节相吻合，比如说，很久以前外星球的居民到过地球。这引起科学家们的高度重视。

如果外星人来过地球，那么，外星人会采用何种方式给未来人类留下到访证据呢？俄罗斯数学家帕霍莫夫研究认为，外星文明的代表多次造访过地球，并将日历作为礼物留给了人类，而且上面还编写了外星人留给我们的密码信函，这个信函只有等到人类文明发展到一定程度才能读懂。

为什么日历中的密码信函既看不见，又找不到呢？帕霍莫夫表示，人类过去还不具备必要的知识和技术来"读懂"日历，但这并不影响密码信函在日历中的保存。

事实上，我们像保护自己的眼睛一样保护日历已经数千年了。我们

甚至没有怀疑过，在每年的节日里隐藏着某种算法——日历信息。帕霍莫夫说，将信息编在日历当中的确可以做到万古不朽。

在乌克兰索菲大教堂有个"万年历"矩阵体，根据这个"万年历"矩阵体，可以轻易地确定任何一个年份的看法，还可以知道100年以后你的生日在星期几。帕霍莫夫正是从"万年历"矩阵体开始了他解读外星人密码信函的研究工作。

外星居民曾来过地球

迷你知识卡

美国——给外星人打长途电话

在美国，登录 www.TalkToAliens.com 网站，网民就可以打一个"太空电话"，他们的电话信号将通过架设在美国康涅狄格州中部、一个直径为3.2米的发射器发送到太空。该网站的负责人说，如果遥远星球上有一个与直径超过300米的射电望远镜类似的接收器，就能"听"到来自地球的声音。地球人与外星人沟通将不再是幻想。

第4章 中国
——最早记录"不明飞行物"的国家之一

◥ 苏东坡的"第三类接触"

　　早在三四千年前，我国就有"飞车"的传说，以后又有"赤龙"、"车轮"、"瓮"、"盂"等酷似现代目击者对此种现象的描述或比喻。

　　除了民间的传说外，在古籍中也有大量的记载，如《庄子》、《拾遗篇》、《梦溪笔谈》、《御撰通鉴纲目》、《二十四史》、《山海经》等。此外，在许多地

型似飞碟的瓮

《庄子》有关于飞碟的记载

苏东坡

方志中,对这类奇闻异象有极为丰富的实录,在湖北松滋县志中更记录了类似所谓"第三类接触"的事例。

苏东坡在往杭州赴任途中,曾夜游镇江的金山寺。当时月黑星稀,忽然江中亮起一团火来。这一奇遇使苏东坡深感迷惑,于是在《游金山寺》一诗中记载了此情景,"是时江月初生魄,二更月落天深黑。江心似有炬火明,飞焰照山栖鸟惊。怅然归卧心莫识,非鬼非人竟何物?"

宋代科学家沈括是常用"地学说"来解释 UFO 现象的。他曾在《梦溪笔谈》卷二十一中记载不明发光物事件,"卢中甫家吴中,尝未明而起,墙柱之下,有光熠然,就视之,似水而动,急以油纸扇挹之,其物在扇中涅晃,正如水印,而光焰灿然,以火烛之,则了无一物。又魏国大主家亦常见此物。李团练评尝与予言,与中甫所见无少异,不知何异也。"

乾隆年间广东"潮州府志"记载,明神宗万历五年十二月初三夜,尾星旋转如轮，焰照天，逾时乃灭。

此记录为典型的古代螺旋状飞行器的记载，这些记录对一些人把螺旋状飞行器仅看作是现代才有，甚至于把此种现象推论为是人造卫星火箭残骸下落的解释的强有力的否定证据，今日人们所见的螺旋状飞行器形状在古人的记录中是"尾星旋转如轮"，而类似的记载还有许多。

◤ 《赤焰腾空》与《西神遗事》

清代画家的《赤焰腾空》被认为是一篇详细生动的 UFO 目击报告清代画家吴有如晚年作品，有一《赤焰腾空》图，画面是南京朱雀桥上行人如云，皆在仰目天空，争相观看一团团熠熠火焰。

画家在画面上方题记写道：九月二十八日，晚间八点钟时，金陵（今南京市）城南，偶忽见火毯（球）一团，自西向东，形如巨卵，色红而无光，飘荡半空，其行甚缓。维时浮云蔽空，天色昏暗。举头仰视，甚觉分明，立朱雀桥上，翘首跂足者不下数百人。约一炊许渐远渐减。有谓流星过境者，

然星之驰也，瞬息即杳。此球自近而远，自有而无，甚属濡滞，则非星驰可知。有谓儿童放天灯者，是夜风暴向北吹，此球转向东去，则非天登又可知。众口纷纷，穷于推测。有一叟云，是物初起时微觉有声，非静听不觉也，系由南门外腾越而来者。嘻，异矣！

《赤焰腾空》图

清人吴有如的《赤焰腾空》图可谓一详细生动之目击报告。火球掠过南京城的时间、地点、目击人数、火球大小、颜色、发光强度、飞行速度皆有明确记述，然而各种猜测又不得其解。此画约作于 1892 年，即光绪十八年。在一百多年前，世人尚无飞碟和 UFO 之说法，画家显然未能意识到，这幅《赤焰腾空》图，竟成为今人研究 UFO 的一则珍贵历史资料。

民国时，有人见到空中"忽起一道圆光"，各人看得眼花。

民国时人张瑞初在《西神遗事》中曾记载："是夜，星光满天，却无月色。各人正在险滩，瞥见空中忽起一道圆光，大可亩许。圆光中有一紫一白两种色，此前彼退，此缩彼涨，各人看得眼花。足有 5 分钟，白光便不见，仅有紫光，在一圆光内渐缩渐小，初如笆，继如斗，如碗，如拳，如指，忽尽灭。众人静坐呆看，其他游客见者，无不惊异万分，议论纷纷，莫衷一是。"

◤ "不明飞行物"频频光顾中国

1994 年 11 月 30 日，贵阳郊区贵阳北郊都溪林场，长达 3 千米的树林，一夜间突然全部在同一高度被折断，目击者形容当时天空出现强光，并听到如火车行走的隆隆巨响。

1995 年 7 月 26 日，辽宁省阜新市上空 12 人称目睹脸盆大小、带云雾状光环的不明飞行物体在空内移动。同日，广西西部 4 个县天空发现不明飞行物，直径两米左右，整个形状很像弯月捧太阳，并带扇形光环。

天空中突然出现圆光

飞碟

1995 年 10 月 4 日,中国东北地区上空 4 架飞机的驾驶员通报称,在天空同一位置发现不明飞行物体,呈白色椭圆形,有说不明飞行物会由白变绿色,有说呈红色及黄色。

1996 年 8 月 25 日,厦门上空出现两个环状发光不明飞行物体,被船员用摄录机拍下。

1996 年 10 月 9 日,石家庄机场上空 9 600 米处,南方航空波音 757 客机由北京飞武汉途中,被一不明物撞击,驾驶舱前方的双层挡风玻璃被撞,飞机返回北京机场安全着陆。

此间,除了都溪林场事件之外,1997 年广州发现所谓的"不明飞行物体",给人留下深刻印象。

1997 年 12 月 23 日,广州发现不明飞行物体。有多人报称目睹一个状似碟形的发光物体,由暨南大学上空向五山地区移动,持续飘行近一小时才消失。综合各目击者所述资料,该不明飞行物体首先在 23 日晚上 7 时 45 分被发现,最后在 8 时 40 分左右消失,其外形扁平椭圆,通体透明、发白光,飞行物上部还依稀可看到一排窗口,据形容它的宽度与一座楼宇相若。

广州发现 UFO 引起市民议论纷纷,虽然有人言之凿凿,但有人则怀疑是军队在试验新型战机,亦有人指可能只是娱乐场发出的探射灯或激光(雷射)引起误会。

就读于广东华南理工大学建筑工程系三年级的男生罗某声称,他曾亲睹该不明飞行物体,呈白色偏黄,初时见到还以为是圣诞灯饰,后来才怀疑是UFO,慢慢由暨南大学上空向东围方向移动后消失。

当晚,广州《羊城晚报》先后接到多名目击者的电话,描述发现UFO的情形。首先有华南农业大学学生海东致电广州的报社,报称正目睹天空上有一发光体,四周有红光,怀疑是不明飞行物。

同年10月至12月,北京郊区上空有人报称先后9次发现天空有螺旋状发光不明飞行物体,呈淡黄色,中心有一亮星状核闪烁,外围有雾状、光晕。

2002年中国多个地方报告出现了"不明飞行物"距今较近的一次,发生在2002年。据《江南时报》报道,2002年6月30日晚上,中国多个地方出现了所谓"不明飞行物"。驻渝某航空兵部队一飞行员在驾机飞行时竟发现一飞行物与他平行飞行;当时不少机场官兵仰首观望到了这一突然而至的"天外来客"。

6月30日晚,大足机场。驻渝某航空兵部队组织夜间飞行。22时

疑似天外来客

10 分左右，一飞行员驾机返航至机场上空 600 米高度时，突然发现同高度右边 400 米左右有一个亮着黄色灯的飞行物与他平行飞行。

当他转弯飞回时，该飞行物又紧随至他的左边平行飞行。当时这名飞行员马上向地面指挥员报告："旁边是否有别的飞机飞行？"指挥员回答："没有。"该飞行员额头上沁出冷汗：难道旁边有"敌机"？

为防止意外，飞行员马上驾机降落。15 分钟后，该飞行员仍然为此惊诧时，一幅奇异的景观出现了。

目睹全过程的飞行大队的教导员事后惊奇地说：这一幕平时只有在科幻电影中才能看到，机场上空突然出现亮光，亮光刚开始时，像探照灯般向下照射，非常明亮，然后亮光逐渐变淡，最后像一片白云逐渐消失，整个过程共持续了 8 分多钟。机场官兵们仰首观望到了这一突然而至的"天外来客"。

◩ 杭州与重庆的"天外来客"

2010 年 7 月 7 日晚杭州萧山机场发现 UFO。据媒体报道，出现在杭州萧山机场的不明飞行物并没有

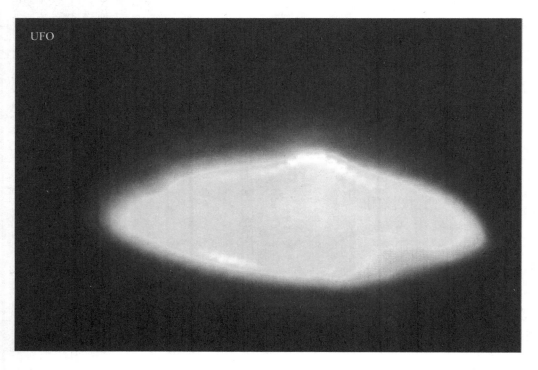

UFO

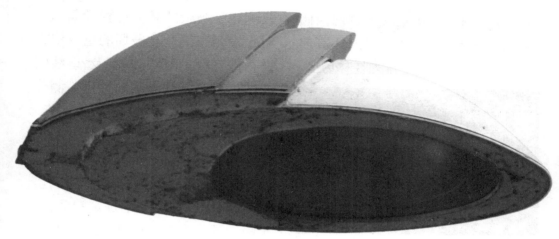

不明飞行物

被人目击到,而只有某些仪器发现了不明飞行物的行踪。根据萧山机场的工作人员表示,确实在杭州上空发现不明飞行物,有关方面已经介入调查,但还没有任何结论。

在 2010 年 7 月 14 日晚,在重庆市沙坪坝天陈路的上空出现了四个UFO,在沙坪公园也能看见,其中三个 UFO 排成三角形,还有一颗在后边跟着,但很暗。而且这四个 UFO,除了后面的一个而且外,都很亮,亮的出奇,和周围的其他星星的亮度成了鲜明对比,并没有像其他星星一样一闪一闪。

这四个 UFO 还再慢慢的移动,但如果说是飞机,飞机移动不会这么缓慢,如果说是直升飞机,灯是会闪的;如果是 LED 风筝,也不大可能,

因为 UFO 的高度看起来至少有 40千米;如果是照相机照的反光,为什么肉眼也看得见?

◤ "空中怪车"

1994 年 12 月 1 日凌晨 3 时许,贵阳市北郊 18 千米处的都溪林场附近的职工居民被犹如从空而至的火车开动时轰隆隆的响声惊醒,风速很急,并有发出红色和绿色强光的不明物体呼啸而过,当时据值夜班巡逻的保卫人员说看到低空中有两个移动着的火球。

几分钟后都溪林场马家塘林区方圆近 27 公顷的松树林被成片成片地拦腰截断,在一条断续长约 3 千米、宽 150 米至 300 米的带状四片区域里只留下 1.5 米至 4 米高的树桩,并

且折断的树干与树冠大多都向西倾倒，长2千米的四个林区的一人高的粗大树干整整齐齐地排列在林场上。

空中怪车造成的破坏

这些被折断的树木直径大多为20～30厘米，高度都在20米左右。和都溪林场相距5千米的都拉营贵州铁道部车辆厂也同时遭到严重破坏，车辆厂区棚顶的玻璃钢瓦被吸走，厂区砖砌围墙被推倒，地磅房的钢管柱被切断或压弯。重5万千克的火车车厢位移了20余米远，其地势并不是下坡，而是略微有些上坡趋势。

除了在车辆厂夜间执行巡逻任务的厂区保卫人员被风卷起数米空中移动20多米落下并无任何损伤外，没有任何的人畜伤亡，高压输电线、电话电缆线等均完好无损。

中国UFO研究会详细观察了林木折断的方位及断茬情况，并利用了现代化的先进仪器如卫星定位仪测定了被毁的具体位置及面积。对于贵州车辆厂被破坏的重点地方及物件进行了时频、弱刺及γ射线的测试，对都溪林场实地进行监测分析。

当时有一部分人认为是龙卷风造成的。但龙卷风是冷暖空气交汇，温差急剧变化而形成的气柱，中间呈负压，吸力特强。如果是龙卷风，由于吸力强将会有70%的树木（常规来讲）被连根拔起，但并未有这种现象出现，所以龙卷风的推测也是没有根据的。

在1995年的2月9日，贵阳机场的中心雷达上发现有不明物体的

雷达

移动,随后在从广州飞往贵阳的中原航空公司波音737 第 2946 航班万米高空飞行途中,有一不明飞行物追随,由棱形变成圆形,由黄色变为红色,距飞机的距离约有 1 千米左右,最后在贵阳东北 70 千米处消失。

◤ 神秘人背负梦中村民飞行

1977 年 7 月—9 月,在河北省肥乡县发生了震惊冀南大地的神秘事件,该县北高乡北高村 21 岁的村民黄延秋,先后三次在夜晚神秘失踪。第一次黄延秋晚上八九点在家中睡觉,午夜 1 时左右,不知何故却出现在约 1 000 千米外的南京一大商店门前,又被两神秘交警买票送上开往上海的火车……

第二次是晚上 9 时余,本来睡在院子里床上的黄延秋,半夜一觉醒来,却出现在约 1 200 千米外的上海火车站广场,又是两个穿着军装的神秘人物先后指

UFO

神秘的 UFO

点他乘船、乘车,最后送他进入一个有他邻村乡亲亲戚在其中做军官的军营中……

第三次则最神奇,仍是在夜晚,黄延秋刚出生产队长家门,就眩晕倒地,失去知觉。

午夜醒来时,出现在兰州一旅馆中,两位自称是山东高登民、高延津的二十几岁的青年人,自称是黄延秋三次失踪事件的安排者,在第三次,高登民、高延津用 9 天时间,不借助任何飞行器械,先后背负黄延秋从兰州飞往北京,从北京飞往天津,天津飞往哈尔滨,哈尔滨飞往长春,长春飞往沈阳,沈阳飞往福州,从福州飞往南京,南京飞往西安,西安飞往兰州,总是在白天休息,夜晚飞行,在终点站兰州将黄延秋以未知的方式送回了河北肥乡县北高村的家中。

中国 UFO 研究会常务理事林起同志和上海 UFO 研究会章云华同志又在上海调查,写出了证明材料,这确实是一次震惊中外的神秘失踪案。这一谜团,相信在 UFO 研究界和科学界的不断追求探索中,终能揭开神秘的面纱。

◪ 东北工人"触电"疑似外星人

1994 年 5 月末,在黑龙江五常县境内凤凰山林场,据当地山民反映,在凤凰山南坡停留着一个不明物体,有人还看见这一不明物体在附近飞行。

1994 年 6 月 6 日,孟照国第一次接触到不明物体,当天他和一名亲属爬上山坡想对不明物体"探察个究竟"时,一系列奇怪的现象发生了。在距不明物体 100 多米左右时,孟照国看见它是巨大的、白色的、具有蝌蚪状的物体,长约 150 米。

当他们准备靠近时,"巨型蝌蚪"发出了刺耳的尖叫声。此时,孟照国觉得身上出现了不适反应,腰带上有金属扣的地方和经常拿镰刀的手臂手腕开始发麻,不明物体的尖叫声使得二人无法接近。

孟照国从山上回来后马上向林

大眼睛的外星人

场报告了这一奇怪经历。6 月 9 日,工会主席等 30 余人前往凤凰山查看。在距离那天不明物体所在位置 100 米左右时,他们拿出望远镜查看,但并没有看到什么。

不明飞行物

孟照国接过望远镜,据说他把望远镜拿过来后一眼就看见了,那个白色不明物体还在那里,"前面还站着一个外星人"。孟照国回忆说,那时他清楚地看见那个"人",拿出一个像火柴盒的东西放在手心,并从其中射出一道强光打到他的眉心,他感到全身一震,接下来就什么都不太清楚了。

但周围的人依然坚持认为,当时他们什么也没看到。他们将孟照国抬到不远处的小棚里,由于他不停地抽搐,人们不得不压住他,据他后来说,看到一个眼睛很大的外星人,他害怕得大叫,但其他人好像都听不到，结果他一下子倒立起来。倒立时，在场的人都目睹了，据说，因为身高的缘故把棚顶都给弄破了。据林场医生诊断，孟照国眉心处发生瞬间深度高温灼伤。

不明飞行物悬浮西部上空

2011年9月，在中国内蒙古、宁夏、陕西等多地有目击者，声称有发现了UFO的踪迹。这也是今年中国第二次发现UFO的踪迹，此前范围更加广泛，北京上海等地均有发现。

9月26日晚上中国再次出现奇异UFO事件，晚上7点30分左右，内蒙古乌海市、鄂尔多斯市、临河市，宁夏吴忠市、石嘴山市，陕西榆林市等地都有目击者。

据目击者称，持续时间约10分钟，飞行物体在空中自东向西飞行，中途有悬停，喷出彩色物体后迅速向西飞行。

40年前同一天，1971年9月26日晚18时58分至19时07分，也是傍晚，江苏扬州北部邗江县槐泗公社的纪翔、扬州南部施桥镇的陶思炎，分别独立地在两地同时惊异地观测到一次奇异的天象，一个满月大小的螺旋状发光物出现在西北夜空，仰角约10至20度，这个发光物静悬在夜空，无声，仿佛在挑战着人类的智慧。

同时，在北京大兴县黄村的贺增荣也在西边夜空看到波纹状的发光光环，他定睛观察了5分钟，发现光

不明飞行物与外星人

物也是静悬空中，无声。湖北、安徽也有群众目睹这次事件。

早在今 8 月 20 日，当天晚 9 时左右，有多架飞经上海的航班机组人员称，目击到空中出现奇异的不明光团；同时，在北京城郊的观星活动中，多位资深天文爱好者拍摄到气泡状不明物体；来自内蒙古、山西的报告差不多在同一时间观测到类似发光体。

一些目击者称发光体由小变大，呈规则几何圆体，比月亮大几百倍，目测直径 50 海里以上。这种景象持续了 20 分钟，发光体逐渐变暗直至消失。目前很多专家做出了评论，也得出不同的说法。

来自 UFO 跟踪组织的克利福德克利夫特表示："在今年夏季出现的 UFO 目击报告较同期相比，增加得确实非常多，但是我们还不能确定他们每件都是真实的。可能会有一些失误，或者一次事件被当成了多次来报道。

失控的不明飞行物

UFO 目击事件难以捉摸的情况下，你不知道它下一次会出现在哪里，或者另外的可能就是这些都是真的，也许现在到了 UFO 光临地球的高峰。我们会进行一些统计，看看哪里是高发，频发地区，从而找到一些规律。"

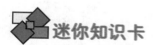 迷你知识卡

哪颗星球可能有外星人？

火星是被认为最有可能有外星人居住的星球，1976 年美国发送的"维京"号登陆火星，找寻生命。"维京"号装载有探测生命、采样火星大气层及分析干燥土壤的工具，但没有发现有外星生物。

不过科学家认为"维京"号没有发现生命并不表示火星没有生命，生命可能存于地面或地底下。"维京"号拍摄了一张名为"火星上的脸"的奇怪照片引起众人的瞩目，有人认为这是其他文明世界想与人类接触的标志。

第5章 外星生物
——挑战人类联想极限

◤ 深水"类人怪物"之谜

关于海底人的传说由来已久，一直是人们关注的话题，美片《大西洋底来的人》也因此而风靡一时。但到今天为止，也没有人能弄清这种海底生物究竟是什么？不过近几十年来关于海底人的目击资料说明，它们确实存在于这个地球上。

1963年，在波多黎各东面的海里，美国海军在进行潜艇作战演习时发现了一个"怪物"，它既不是鱼，也不是兽，而是一条带螺旋桨的"船"，在水深300米的海底游动，时速达280千米，其速度之快是人类现代科技所望尘莫及的。

1968年，美国迈阿密城的水下摄影师穆尼在海底看到一个奇特的动物：脸像猴子，脖子比人长4倍，眼睛像人但要大得多。当那动物看清摄影师后，就飞快地用腿部的"推进

《大西洋底来的人》剧照

类人怪物

器"游开了。

1973 年，北约和挪威的数十只军舰，在感恩克斯纳歧湾发现了一个被称为"幽灵潜水艇"的水下怪物。用多种武器攻击，全无效应。当它浮出水面时，这么多舰上的无线电通讯、雷达和声呐全都失灵，它消失时才又恢复正常。

在西班牙沿岩采海带的工人反映，他们在海底见过一个庞大的透明圆顶建筑物，而在美洲大陆边缘的淹民和海员也说见过类似的东西。美国专家认为它不像是某种国防设施。那么，这又是谁的杰作呢？

影片中的深水怪物

面对这些稀罕的水下智能动物，美国科学家认为，它们既能在"空气的海洋"里生活，又能在"海洋的空气"里生活，是古人类的另一分支。

深海怪物

然而,持另一观点的人却认为,海底类人生物不可能是另一支人类,因这些智能动物的科技水平已远远超过了陆上的人类。它们很可能是栖息于深水之中的特异外星人。因为在与我们接触过的四种类型的外星人中,最常见的是"类人怪物"。

海底生物

1984 年 9 月,在西伯利亚奥比湾附近发生的飞碟坠落事件中,人们从现场救出 5 个"外星人"。他们个个浑身长满细细的鳞片,无嘴唇,身体其他部分同人类小孩相似。其中一个女性"外星人"生下的婴儿体重 1 752 克,身高 0.5 米,上身鳞片很厚,头颅像晰蜴,眼睛细小而黑,无鼻梁,但有一个鼻孔,肤色略显蓝色。

如果上属报道属实,不难得出这些"外星人"与生活在海底的种族有关的结论。况且它们的智能也是人类远不及的。这些水下高智能生灵,很可能是外星人的某个种族。但这些海底的类人生物究竟是什么，还有待于科学家来揭谜。

俄罗斯惊现火星神童

2006 年美国和欧洲发射的火星探测器先后登上火星，满怀希望的人们燃起了在火星上寻找生命痕迹的热情，巧逢此时俄罗斯媒体很多权威媒体披露了一个惊人的秘密：俄罗斯伏尔加格勒北部地区一名年仅 7 岁的神秘男孩竟然自称来自火星，而且具有令人惊叹的天赋和非同寻常的才能，引起了全世界顶尖级科学家、神学家的高度关注。

据说，这个名叫"波力斯卡"的男孩从一个神秘的地方——火星，长途跋涉来到了俄罗斯伏尔加格勒北部充满神秘色彩的"麦德韦德茨卡亚·格里亚达"地区。

2006 年，当地一位目击者透露，在一个寂静的夜晚，野营的人们坐在篝火前聊天畅谈。突然，年仅 7 岁的波力斯卡躬身站立起来，大声唤起每个人的注意力，所有人都饶有兴趣地看着他。

这位目击者说："原来，他想要告诉大家火星上的生活，火星上的居民，以及他们飞往地球的传奇经历。"

火星探测器

火星

顷刻之间，篝火现场陷入了一片沉寂。更加令人匪夷所思的是，这个男孩甚至绘声绘色地提到了人类古老传说中沉入印度洋底的神秘大陆"利莫里亚"。据这个神秘的男孩称，他从火星抵达地球时恰好在那里登陆，对那里的生活了如指掌。

利莫里亚是至少80万年前传说中的神秘国家，不要说是孩子，就连大学教授也并非人人都知道，而他如数家珍一般详细地讲述这个古老国家的历史、文明及其居民。第二个引人注目的特点是，这个小男孩具有令人刮目相看的语言表达能力。他精通各种专业术语，掌握详实的资料，甚至熟悉火星和地球的历史。

神秘的波力斯卡出生在俄罗斯沃尔兹斯基镇一个偏远的乡村医院。波力斯卡的父母看上去都是朴实无华、心地善良的好人。他的母亲娜德兹达是一家公共医院的皮肤医生。

男孩的父亲是一位陆军军官。

娜德兹达回忆道，出生 15 天之后，波力斯卡就能自己抬起头。令人惊讶的是，他一岁半时就已经能够读懂报纸上的大标题，竟然能握笔写出中国汉字，当她的母亲拿着他写的工整的"中国"两个字去当地一所大学请教授辨认后，教授告诉她这是中国文字，这两个字是"中国"。

2 岁之后，波力斯卡具有超常的记忆力，以及令人难以置信的掌握新知识的能力。然而，他的父母很快发现，他们孩子以一种独特的方式——从某个神秘的地方——获取信息。

娜德兹达回忆说："从来没有人教过他那些东西，但他有时会盘腿而坐，侃侃而谈那些不着边际的东西。他喜欢谈论火星、行星系、遥远的文明。我们简直不敢相信我们的耳朵。自从 2 岁开始，他每天像念经一样谈论宇宙、其他世界无穷无尽的故事和漫无边际的天空。"

就是从那时候开始，波力斯卡不断地对父母说，他以前生活在火星上。当时，火星上是有人居住的，由于发生了一场毁灭性的大灾难，火星上的大气层消失殆尽，因此，火星上的居民现在不得不生活在地下城里。

波力斯卡说，他们的太空船从火星起飞到登陆地球几乎在瞬间完成。与此同时，他拿出一只粉笔在黑板上画了一个圆形的物体。

他说："我们的太空船由 6 层构成，外层占 25%，由坚固的金属构成。第二层占 30%，由类似于橡胶的物质

探测火星

火星表面

构成。第三层占 30%，也是金属……最后一层只有 4%，是由特殊的磁材料制成的。如果我们给这个磁层充满能量，那么太空船可以飞往宇宙任何地方。"

◥ 地球上的"飞碟基地"

曾任美国海军少将的拜尔德在不久前公布的驾机探访地心飞碟基地的神奇经历，使地心存在飞碟基地的说法得到佐证，也使飞碟和外星人再次成为美国人关心的焦点问题。

拜尔德将记载他那神奇经历的日记公开。根据他的日记，他曾于1947 年 2 月率领一支探险队从北极进入地球内部，发现那里存在着一个庞大的飞碟基地和生活着许多种原

已在地面上绝种的动植物，并且他们还在这个基地上发现拥有高科技的"超人"。

飞碟

在北极，拜尔德驾驶飞机进入一个地方，发现地势更加平坦，而且还分布着闪闪发光的发出彩虹般色彩的城市，而空中飞行的飞机似乎被某一种奇特的浮力托着，在这种无形力

地球切面

地心世界岩浆滚滚

夜空惊现不明飞行物

量的支配下，拜尔德无法控制飞机，令人费解的是在舱门右侧和上端出现带有无法明了其义的符号的碟形发光飞行器，更不可思议的是，竟从无线电传出带着德语音调或北欧音调的英语"欢迎将军的光临"，并让拜尔德放心，说过不了 7 分钟，飞机将完全降落。

话一说完，飞机的引擎停止运转，在轻微的震动中，飞机平安着陆，这时几位没有携带任何武器的，金发碧眼、皮肤白皙、体形高大的人出现了。

在这一基地，他遇到一些人，通过与那些人的交谈，他得知这个地下世界名叫"阿里亚尼"。这个基地的人对外界的关注始于美军在日本广岛投下两颗原子弹，为了调查那个时代发生的事，他们派遣许多飞行器到地表活动。

他们自称，地上世界的文化和科

科幻片中的地心生物

人还对地上世界对他们派出的使者的不友好的待遇发出抱怨,声称飞行器也经常遭到战机的恶意攻击。人类文明之花遭受战争的蹂躏,人类社会的黑暗幕布已经降落,这些将使全世界陷入混乱中,世界将成为一方废墟,但地下世界的人将协助地上世界的人从废墟中重建新世界。

技要比地下世界落后数千年,他们原先对地上世界的战争不加干涉,但因原子武器破坏性太强,他们不愿再见到人类使用原子武器,因此曾派人与超级大国交涉,希望能劝他们停止使用原子武器,可惜未成功。

这次借邀请将军的机会警告地上世界可能会走上自我毁灭。那些

结束会晤后,拜尔德沿原路前往通信员停留的地方,与他会合。临行之前,无线电传来德语"再见",他们经由两架飞行器的引导而升空至823米,27分钟后,他们平安地在基地着陆。

拜尔德一回到美国随即参加美国国防部的参谋会议,并且向杜鲁门总统做了汇报。为了证明他所作汇

据说飞碟基地在北极

报的真伪，他被最高安全部门及医疗小组调查，后被有关方面告知严守机密。拜尔德身为军人，只能服从命令，因此，关于那个基地的秘密，被美国政府封锁了多年，但在他1965年12月24日的日记中，他写道："那块土地在北极，那个基地是一个巨大的谜。"

神秘的 UFO

拜尔德公开的日记的真伪一直为世人所争论。"阿里亚尼"是否真是一个飞碟基地也一直为科学家所争论不休，但无论如何，内太空作为飞碟的来源之一存在可能，它的进一步确定还等着科学家的进一步研究。

◤ 神秘的石轮图案

秘鲁"纳斯卡线"是一种神秘的地质印痕，几百年前被当地人刻在沙漠中，每年都吸引着来自世界各地的无数游客。现在，中东地区也出现数千个类似图案。卫星和航拍照片显示，叙利亚、沙特阿拉伯和约旦等国家出现大量神秘的石轮图案，数量超过秘鲁纳斯卡线，年代也更为久远。

这些图案的年代据信可追溯到2 000年前，考古学家和历史学家并不清楚古人为何描绘这些图案。

西澳大利亚大学古典文学与古代史教授大卫·肯尼迪在接受《生活科学》杂志采访时表示："仅在约旦，我们发现的这些石结构数量就超过纳斯卡线，覆盖的面积更为广阔，年代也更为久远。几个世纪甚至几千年时间里，可能有数以千计的人曾在这些图案前面走过，但他们并不知道这些图案是什么。"

纳斯卡线——蜘蛛

安宁发现纳斯卡线巨画

案往往存在于荒野,但没有一定的模式可循。

它们的形态富于变化,有些好似风筝,有些好似动物,有些则是随机的线条和矩形。没有人认为这些图案与星辰存在联系,这进一步增加了其用途的神秘色彩。早在1927年,英国皇家空军飞行员珀西·麦特兰德少尉便发现了这些神秘的图案。

但直到肯尼迪教授率领的研究小组对航拍照和"谷歌地球"照片进行研究,才最终揭示出这些图案的惊人数量。最终的数字还没有统计出来,肯尼迪表示绝对有数千个之多。

当地贝都因人将这些图案称之为"古人的杰作"。贝都因是沙特阿拉伯、约旦、利比亚、埃及和以色列的一个游牧民族。肯尼迪表示,这些图

◨ 德令哈外星人遗址

位于柴达木首府德令哈市西南40多千米的白公山有个 UFO 的标记,这就是传说中的德令哈外星人遗址,中国首个"怪圈"就惊现青海德令哈外星人遗址附近,自古"麦圈"现象都只出现在西方国家,如今在中国境内的青海省德令哈地区出现一巨型"沙漠怪圈"。

白公山北邻克鲁克湖和托素湖,这是当地著名的一对孪生湖,一淡一咸,被称为"情人湖",留有美丽动人的传说。

外星人遗址就坐落在咸水的托素湖南岸。远远望去,高出地面五六十米的黄灰色的山崖有如一座金字塔。在山的正面有三个明显的三角

托素湖

怪圈

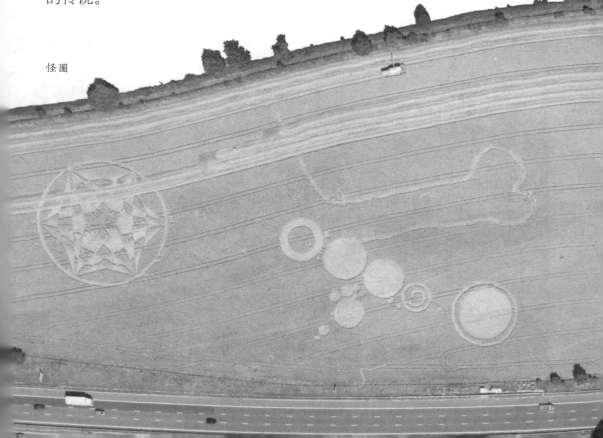

形岩洞,中间一个最大,离地面 2 米多高,洞深约 6 米,最高处近 8 米。

洞内有一根直径约 40 厘米的管状物的半边管壁从顶部斜通到底。另一根相同口径的管状物从底壁通到地下,只露出管口。在洞口之上,还有 10 余根直径大小不一的管子穿入山体之中,管壁与岩石完全吻合,好像是直接将管道插入岩石之中一般。这些管状物无论粗细长短,都呈现出铁锈般的褐红色。而东西两洞由于岩石坍塌,已无法入内。

在湖边和岩洞周围,散落着大量类似锈铁般的渣片、各种粗细不一的管道和奇形怪状的石块。有些管道甚至延伸到烟波浩淼的托素湖中。

神出鬼没的"幽灵潜艇"

19 世纪初,英国货轮"海神"号,在几内亚湾附近海域,遇到了一个说不出来到底是什么东西的怪物,该怪物漂浮在"海神"号船头前方约 10 米处,体形庞大,发着炫目的光辉。

当"海神"号驶近时,漂浮着的怪物似是要躲避开,只见它轻飘飘地落到水面,并且没有溅起一点浪花,然后无声无息地潜入水底不见了。"海神"号上的人看得目瞪口呆,不知道那怪物到底是有生命还是无生命的。

19 世纪 70 年代,两个圆形的不

德令哈外星人遗址

明飞行物出现在正在太平洋航行的荷兰船只"珍·恩"号上空，它们中的一个发光，另一个不发光。后来，那个发光的物体发出剧烈的响声和强烈的闪光，落到了水面，紧接着又潜入了水中。而那个不发光的物体，稍后也突然一下子在空中消失了。

幽灵潜艇

《海神号》海报

在整个 19 世纪，相类似的报道还有许多。在这些报道中，对不明潜水物的描述都是圆形的；都能垂直不动地悬浮在空中，然后突然跌进水中并消失在深处；它们悬浮在空中和潜入水里时，几乎都是悄无声息的，没有听到类似于人类所制造的动力系统的轰鸣声。

不同之处在于，有的不明潜水物落到水面时，会溅起巨大的浪花；有的却犹如鸿毛一样，落水时轻飘飘地一点水花也没有。

到了 20 世纪的第二次世界大战期间，不明潜水物又频繁地出现了，不同的是，这时的不明潜水物的外形已大大异于上个世纪的那些不明潜水物，它们和现代人类制造的潜水艇已非常相似。

1942 年 6 月，在太平洋中途岛海战中，日本的联合舰队和美国的航空母舰"小鹰"号进行了激战，在这一过程中，一直有一艘神秘的潜艇在旁边悄悄地观战。可当它被双方发现

潜艇

并误以为是敌方的舰只,都对其进行攻击时,它却又一下子消失得无影无踪了。

到了美日舰只在马里亚纳群岛激战时,这艘神秘莫测的潜艇又出现了,但它还只做"壁上观",不支持任何一方。

更奇怪的事情还在后面:当一艘日本舰只中弹着火爆炸,水手纷纷跳海逃生时,这艘神秘的潜艇马上驶近现场,救捞起了许多官兵。然后,它开到稍远的地方,让这些官兵坐在两条救生艇里,把艇子放下海,才悄悄地开走。

让这些被救官兵感到更迷惑不解的是,在整个过程中,他们始终都没有见到潜艇上的人,只有一个出自喇叭的声音在指挥着他们该这么做该那么做。而且,这艘潜艇的速度和其他各种性能,是当时所有最先进的舰只也难以比拟的。

美国海军曾多次动用太平洋舰队几乎全部的潜艇、猎潜艇和其他战舰,还有飞机,在南太平洋海域四次大规模地开展搜寻"幽灵潜艇"的行动。前苏联海军也不甘落后,派出了大批的舰艇和飞机,在太平洋、大西洋进行仔细搜索。搜索行动前前后后历时1年,结果却犹如海底捞针,一无所获。

最令人费解的事发生于 1990年，当时北约的数十只军舰正在北大西洋进行军事演习。突然，有人又发现了幽灵潜艇。这些军舰立即中断了原定的演习计划，全力以赴地投入到猎捕幽灵潜艇的行动中。

发射鱼雷

它们向幽灵潜艇发射了大量的鱼雷和深水炸弹，但是，奇怪的是，这些炸弹根本靠近不了幽灵潜艇的身，它们一接近它时，便鬼使神差地拐向一边，冲向了远处。而当毫发无损的幽灵潜艇浮出水面时，所有军舰上的雷达、声纳及其他通讯系统全都奇怪地失灵，直到它离开后，这些系统才恢复正常。

幽灵潜艇到底是什么？海底人类到底存不存在？这些谜团可能还会在相当长的一段时间内困扰着我们。但我们相信，随着科学的发展，这些神秘的幽灵潜艇一定会现出它们的"真相"。

◼ "完美的黑色三角形物体"

在英国国家档案馆公开国防情报组下属的DI55，一支负责飞碟真相调查的秘密部队。1987 年 11 月至 1993 年4 月的秘密文件里记载，有关大约 1 200 起UFO 目击事件的细节最终浮出水面。

隐形轰炸机和战斗机已经成为美国空军的一个重要组成部分，由于其诡异的外形加之制造时使用的特殊材料，雷达几乎无法探测到它们的存在。

目前，俄罗斯也在研制隐形飞机。上世纪 80 年代晚期，国防部一直在寻找证据，以确定究竟谁正在研究这种技术。刚刚公布的秘密文件为揭开这一谜团提供了重要线索。

UFO 专家大卫·克拉克博士表

示，秘密文件显示国防部"对外星人没有一丝兴趣"。他说："所谓的UFO可能对国防产生的影响才是他们的兴趣所在。"

克拉克说："问题是俄罗斯人到底在测试什么，任何目击事件都拥有类似特征。秘密文件显示，他们对我们最亲密的盟友研制的间谍飞机充满迷惑和担忧，盟友毕竟是在秘密研制，并没有让我们知道。"

在其中一起目击事件中，目击者拍到了一个在苏格兰上空出现的UFO，当时正在靠近一架皇家空军喷气机的区域盘旋。国防部对这起目击事件进行了详查，在此之前，有目击者称发现一个大型钻石形神秘物体在空中停留约10分钟时间，此前曾以高速上升。

UFO

隐形飞机

机护送一个"完美的黑色三角形物体"。

◥ 神秘的古城遗址

俄罗斯总统普京造访了南乌拉

1989年，一名在观察机上受训的石油钻井工人看到两架美国战斗

尔地区车里雅宾斯克的古城遗址——阿尔卡伊姆。俄考古学家认为，这里是地球上最神秘的地方之一。飞碟专家认为，很久以前这里或许是外星人起降飞碟的航天中心。

在这个神秘的地方，时钟会失灵，心脏跳动的频率、人的血压和体温都会发生突变，地球的电磁场也莫名其妙的降低，空气温度在5分钟内会忽然上升或下降5摄氏度。

俄罗斯已经成立了一个由科学家和大学生组成的宇宙探索考察队，对这一地区进行科学考察。领队切尔诺布罗夫说，阿尔卡伊姆地区的神奇在于，4 000多年前的阿尔卡伊姆文明即便是当今的科学技术也无法

企及。

阿尔卡伊姆

1987年，前苏联政府打算在南乌拉尔地区的阿尔卡伊姆盆地修建一个水库，结果，考古学家在盆地的中央发现了一个巨大的神奇圆形建筑群。经过一年多的考证，考古学家发现，阿尔卡伊姆遗迹与古埃及和巴比伦属同一时期的文明，它比特洛伊和古罗马要早得多。

空中俯瞰阿尔卡伊姆，整座城市好似由许多个同心圆组成的圆盘，它们一层套一层就像树的年轮。

中心部分是

阿尔卡伊姆

一个圆切正方形广场,整个城市的建筑构思恰如"天圆地方"的宇宙天体的微缩景观。阿尔卡伊姆不仅仅是一座城市,同时也是天文观测台。据悉,城市的整体设计方案似乎可以精确地算出宇宙天体的准确方位。

俯视阿尔卡伊姆

阿尔卡伊姆城中有暴雨排水沟,木制结构住宅的木头中浸渍了不怕火烧的化合物,因此,该城历史上从未发生过水患,也没有发生过火灾。城中每一间住宅都有完善的生活设施,排水沟、水井、储藏室、炉灶等。

最有意思的是,水井处有两条土制通风管道,一条通向炉灶,铁匠在打铁生火时可不用风箱,另一条通向食物储藏室,从井里吹来的冷风可使这里的温度比周围低许多,储藏室就如同一个大冰箱。

阿尔卡伊姆古迹

 迷你知识卡

纳斯卡线

现在为止,纳斯卡线为何存在还没有定论,曾经被拿出来讨论的说法包括:它与天文学有关,纪录天上星座或四季节气。它是古代灌溉水道的遗迹。它是祈雨仪式的游行步道。它是献给神祇观赏的礼物。它是外星太空船起降的跑道、机场和指引标志。

纳斯卡是秘鲁南部的一个小城市,位于南美洲西侧。琳琅满目的神秘古代图腾,就散落在纳斯卡城近郊的大草原上。数不清的奇怪图案和直线,分布在220平方千米的大草原上,最大的图案超过300米,直线最长则超过1千米。因此只有从空中鸟瞰才看得出它们的组织,在地面上行走,只会以为那是人行步道而已。

第6章 麦田怪圈
——"不明飞行物"留下的记号？

1. 什么是"麦田怪圈"？
2. 非人造麦田圈的十大特征
3. 用微波炉制造了"麦田怪圈"？
4. 麦田怪圈——外星制造？
5. 3名"外星人"惊现麦田圈
6. 印尼首现"麦田怪圈"
7. 麦田怪圈频频亮相
8. 神秘麦田怪圈呈现完美数学定律

◩ 什么是"麦田怪圈"？

麦田怪圈是在麦田或其他农田上,透过某种力量把农作物压平而产生出几何图案。此现象在1970年代后期才开始引起公众注意。目前,有众多麦田圈事件被他人或者自己揭发为有人故意制造出来以取乐或者招揽游客。

唯麦田圈中的作物"平顺倒塌"方式以及植物茎节点的烧焦痕迹并不是人力压平所能做到,也有麻省理工学院学生试图用自制设备反向复制此一现象但依然未能达成,至今仍然没有解释该现象是何种设备或做法能够达到。此点也是外星支持论者的主要物证基础。

第一例关于"麦田怪圈"现象的报道可以追溯到1647年的英国,此后,美国、澳大利亚、欧洲、南美洲、亚

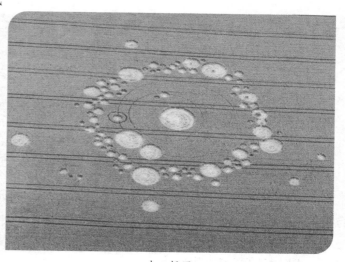

麦田怪圈

洲等地都频频发现麦田怪圈,其中绝大部分是在英国。截至目前,全世界

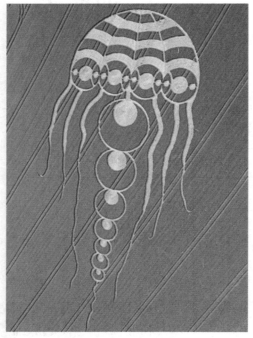

怪圈的形成是个谜

每年大约要出现250个麦田怪圈,图案也各有不同。

令人遗憾的是,350多年来,科学界对怪圈是如何形成的一直存在争议,关于成因,目前主要有五种说法。发现最早的麦田怪圈插图见于1678年的古书。

《割麦的魔鬼》画中一个恶魔手持镰刀在麦田里做圆形的图,此图作为17世纪就存在怪圈的证据。不过插图显示魔鬼并没有让麦子弯折,而是割掉所以跟麦圈又有点不同。

有专家认为,磁场中有一种神奇的移动力,可产生一股电流,使农作物"平躺"在地面上。美国专家杰弗里·威尔逊研究了130多个麦田怪圈,发现90%的怪圈附近都有连接高压电线的变压器,方圆270米内都有一个水池。由于接受灌溉,麦田底部的土壤释放出的离子会产生负电,与高压电线相连的变压器则产生正电,负电和正电碰撞后会产生电磁能,从而击倒小麦形成怪圈。

从有关记载来看,麦田怪圈出现

磁场产生的电流可使作物"平躺"

最多的季节是在春天和夏天,有人认为,夏季天气变化无常,龙卷风是造成怪圈的主要原因。很多麦田怪圈出现在山边或离山六七千米的地方,这种地方很容易形成龙卷风。

很多人相信,麦田怪圈大多是在一夜之间形成,很可能是外星人的杰作。

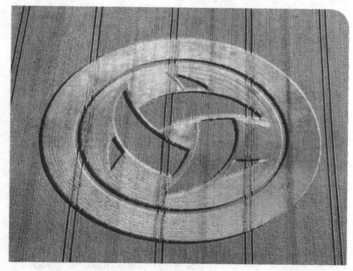

精美的麦田圈

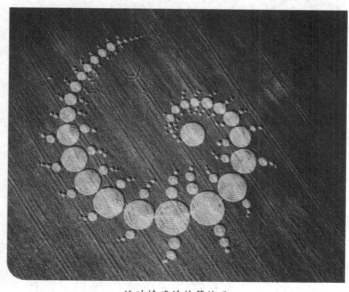

绝对精确的计算绘画

非人造麦田圈的十大特征

(1) 圆圈多数形成于晚上,通常是子夜至凌晨四时,形成速度惊人。麦田附近找不到任何人、动物或机械留下的痕迹,没人亲眼目睹到圆圈图案的产生过程。动物远离现场,麦田圈出现前举止失常。

(2) 在麦田圈附近常出现不明亮点或异常声响。

(3) 图形以绝对精确的计算绘画,常套用极复杂的几何图形,或进行黄金分割。最大跨度的麦田圈达 180 多米,比足球场还大。最复杂的麦田圆圈共有 400 多个圆,被称为"麦田圈之母"。

(4) 农作物依一定

方向倾倒，成规则状的螺旋或直线状，有时分层编织，最多可达五层，但每棵作物仍像精致安排一般秩序井然。

（5）秆身加粗并向外延伸，秆内有小洞，胚芽变形，与人折断或踩到的麦子明显不同。

（6）麦秆弯曲位置的炭分子结构受电磁场影向而异常，但竟然能继续正常生长。生长的速度比没有压倒的小麦快。开花期的作物如果形成麦田圈，不会结种子。成熟期的麦子形成的麦田圈，会因发生变异而使果实变小。

（7）圈内像烘干的泥土内含有非天然放射性同位数的微量辐射，辐射增强三倍。

（8）麦田圈中的土壤里有许多磁性小粒多为 10 ～ 50 微米直径的磁性微粒，而且只有在显微镜下才能看到。

（9）图形内外的红外线增强。

（10）大多在地球磁场能量带出

农作物朝一定方向倾倒

麦田圈中的土壤里有磁性微粒

现。电磁场减弱，指南针，电话，电池,相机,汽车甚至发电站失常。

◣ 用微波炉制造了"麦田怪圈"？

UFO 迷们坚信，外星人创作了

麦田怪圈,有时这是对《X档案》里的台词"真相就在那里"做出的响应。但是这个问题的答案可能就在你家附近,事实上是在你的厨房里。因为科学家表示,在英格兰威尔特郡的农田里发现的一个60.96米长、叼着烟斗的外星人图案,可能就是利用微波制成的。

"压扁的"麦田怪圈画面。

他认为,虽然UFO狂热爱好者坚信这种现象已经超出了科学的理解范围,但是他相信麦田怪圈是人为造成的。泰勒表示,微波烤箱用来加热食物的辐射波——会导致植物茎秆倒下,并继续保持平躺在地面上的姿势。

这种方法也可以解释艺术家制作麦田怪圈的速度为什么那么快,那么高效,而且一些新的麦田怪圈的细节令人惊叹,例如神秘的英国史前巨石阵附近的那个外星人,它是在两周前制成的,它旁边还出现了一匹史前白马图案。

泰勒称,除了绳子、木板和高脚

很多人相信怪圈是外星人的杰作

有一种名叫磁电管的手动装置(家用炊具的组成部分,使用12伏电池)可能是制作新一代麦田怪圈的工具。物理学家理查德·泰勒教授称,他们利用俄勒冈大学研制的一种小器具,可以再现被

大面积折伏的麦田

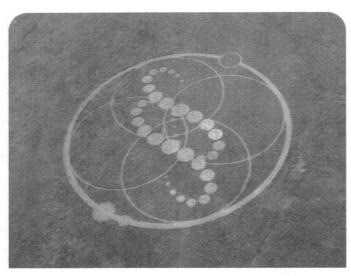

带有某种公式的麦田圈

怪圈会导致土壤质量下降

中一些非常复杂的图案进行数学分析，结果显示设计这些图案使用了肉眼看不到的工程线。

泰勒在英国科学杂志《物理世界》里写道："麦田怪圈艺术家不会轻易透露他们的秘密。今年夏季，不知名的艺术家将会冒险进入乡下的麦田里，或者你家附近，完成他们的作品，继续这项有史以来最具有科学导向的艺术行为。"

但是像科学家对这些图案非常着迷一样，农民看到麦田怪圈会特别生气。最近出现麦田怪圈的农场的主人是提姆·卡森，自从1990年至今，他的农场已经出现125个怪圈。庄稼被毁使他遭受的损失更大，因为燃料和肥料价格不断上升，而且由于干旱，小麦产量减少了25%。

凳这些用来制作麦田怪圈的传统工具以外，使用激光也能创作出这种引人入胜的图案。他认为，利用卫星的GPS功能可以追踪这些行为。对其

卡森说："我已经开始对麦田怪圈感到厌烦。每个怪圈会让我损失1 000英镑(1 627.07美元)。今年我

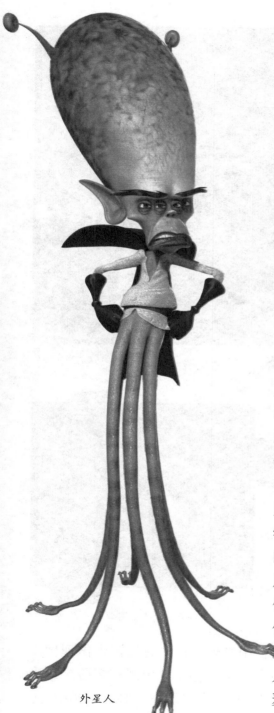

外星人

决定看到一个立刻就毁掉它，但这也意味着我会损失更多庄稼。不管你做什么，麦田怪圈都会影响明年的收成，因为被毁庄稼形成的厚厚的草甸覆盖在地面上，会导致土壤质量下降。"

◪ 麦田怪圈——外星制造？

很多人相信，麦田怪圈大多是在一夜之间形成，很可能是外星人的杰作。

据说，很多出现麦田怪圈的地方也会出现 UFO。因此，有人认为麦田怪圈是地球以外高智慧生命体留下的记号，希望地球人类以同样的高智慧去消化这些讯息；也有人认为是地球上有奇异力量的人想通过麦田怪圈与天外沟通。

事实上，对于神秘麦田怪圈的形成，各类科学家都试图去解释：气象学家估计这可能是气旋或闪电造成的，地理学家说是地层下某种磁场造成的，更有人认为这完全是人为的恶作剧，然而所有这些解释都难以让人信服。

在英国，农夫们可以追述到数代人以前，简单的圆圈图案已经出现在麦田内。英国媒体在 80 年代初期，

外星人

首次报导这些麦田神秘圆圈图案。到了90年代麦田圈震撼世界各地人士，因为这些神秘的圆圈图案由简单的图形变成面积巨大、充满高深的几何学又复杂的美丽图案！麦田圈是全球出现的现象，每年新的图案在各地以令人难以置信的数目冒出。

奇特的怪圈图案

虽然长久以来这些神秘圆圈图案都有各式制作或出现的说法，但是到现在还没有一个有力和完整的解释，这些圆圈图案到底如何出现？

不过比较令人信服的证据是：数段在麦田神秘圆圈图案出现时，所拍到的真实录影。画面里显示数个神秘小光球或白光在麦田上出现！许多这类神秘光球出现在多段录影当中；同时也出现在一些白昼拍摄，画面清晰的录影里。这些神秘光球很明显的呈现有规则方向和高智慧的移动方法,这是否能让我们把神秘光球和麦田圈联想在一起?

很多人认为它是外星人的杰作,是他们与地球上居民的一种联系方式。目前在全世界,每年大约出现250个图案各异的怪圈,特别是在英格兰南部,怪圈现象更是层出不穷。

3 名"外星人"惊现麦田圈

多年来,英国各地出现的麦田怪圈一直是个不解之谜,尽管许多专家认为这些麦田怪圈是外星人的杰作,但迄今为止从未得到过证实。

然而一份最新曝光的 UFO 文件显示,英国威尔特郡马尔伯勒市一名警官在开车路过西尔贝里山地区一片麦地时,震惊地看到麦地中一个新出现的麦田怪圈附近竟站着 3 个身高超过 1.8 米的"金发外星人",而麦田中传来一阵"滋滋"作响的静电噪音,仿佛他们正在用一种类似激光发射装置"绘制"这个麦田怪圈!

该警官称,当 3 名外星人意识到自己的行踪暴露之后,他们立即以"令人难以置信的超人高速"逃得无影无踪。这一惊人发现让英国的麦

田怪圈专家们充满了兴奋,因为这些外星人很可能就是传说中麦田怪圈的"创作者"!

街头外星人铜像

他们一动不动地望着麦地,似乎正在对新出现的麦田怪圈进行查看。看到这一异常情况之后,该警官出于职业本能,立即停下他的汽车,向那 3 个"人形生物"走去。然而该警官大惊失色地发现,这 3 个"人形生物"很可能就是传说中的外星人,而麦地里新出现的麦田怪圈正是他们的"杰作"!

根据该警官描述,他看到的 3 个

外星人身高均超过 1.8 米、并长着一头金发，全都穿着白色外衣。

印尼首现"麦田怪圈"

印度尼西亚一个村庄的稻田里突然出现类似"麦田怪圈"的神秘现象。出现"麦田怪圈"的村庄名叫约戈迪鲁托，位于日惹特区斯莱曼县。当地村民 23 日在村子附近的稻田中发现了一个由倒伏的稻株和完好稻株共同构成的复杂图案。图案总体呈圆形，直径约为 70 米，内部由规则的环形、扇形及一些不规则图形组成。

当地稻田里种植的水稻即将成熟，村民原计划在两周后开始收割。

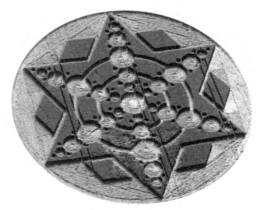

怪圈也许是飞碟降落后的痕迹

这是印尼首次出现类似"麦田怪圈"的神秘现象。目前，印尼警方已经介入调查。

一些民众认为怪圈是飞碟降落后留下的痕迹，但印尼博斯查天文台主任卢特菲猜测说，图案中的稻株是被附近默拉皮火山喷出的火山灰落下后压倒的。印尼气象、气候和地球物理机构预警中心主任里布迪延托则认为，稻株倒伏很可能是旋风经过所致，但他也无法解释为什么会出现怪圈图案。

怪圈现象层出不穷

◩ 麦田怪圈频频亮相

新的麦田怪圈再次出现在俄罗斯，一向惊现于麦田里的怪圈，这一次却呈现在克拉斯诺达尔边疆的向日葵地里，向日葵倒伏成的圆形图案精美至极，令人叹为观止。紧接着，俄罗斯人在陶里亚蒂的荞麦地也发现了神秘的怪圈，而且就在居民楼的附近。

据俄罗斯研究人员斯塔尼斯拉夫·斯米诺夫实验证明，将麦秆放入微波炉，然后加入一杯水，麦秆就会出现人们通常在麦田怪圈看到的情况，开始弯曲伏倒。但是，斯米诺夫尚未找到微波放射如何出现在麦田的原因。

全俄电子硬件研究所的安亚托里·阿亚耶夫认为，微波放射最有可能是由雷击造成的。他和工人测试高压硬件时发现，悬挂在距离地面 10 米处的电线忽然向下面的草地释放人造雷击，草便弯曲起伏，形成顺时针方向的圆圈。

几百年来，这一神秘现象不断亮相，美国、澳大利亚、欧洲、南美、亚洲等地都频频发现麦田怪圈，其中绝大部分是在英国。从有关记

外星人

载来看,麦田怪圈出现最多的季节是在春天和夏天。麦田怪圈的图案也各不相同,由一个圈慢慢进化成两个或三个相似的圆,1994年还出现了蝎子、蜜蜂、花等动植物图案。

1997年初夏,美国俄勒冈州还出现了一个更为神秘的麦田怪圈,很多麦秆上出现了小洞,科学家发现,麦田圈和周围的土地上有一些人眼无法看到的磁性小粒,分布非常均匀,离怪圈越远颗粒越少。

美国专家杰弗里·威尔逊研究了130多个麦田怪圈,发现90%的怪圈附近都有连接高压电线的变压器,方圆270米内都有一个水池,由于接受灌溉,麦田底部的土壤释放出的离子会产生负电,与高压电线相连的变压器则产生正电,负电和正电碰撞后会产生电磁能,从而击倒小麦形成怪圈。

很多人相信,麦田怪圈大多是在一夜之间形成,很可能是外星人的杰作。早在1990年,摄影家亚历山大就说,他在麦田里发现奇怪的光,光在两个怪圈之间飞来飞去。

2010年的夏至作为传统节气,自古充满和平与友爱的氛围。就在当天,英国威尔特郡的田地里出现一个麦田怪圈,麦田怪圈的旁边居然还出现一片心形树林。

怪圈多出现在春、夏季节

怪圈也许是飞碟降落后的痕迹

这些怪异形状并不是农场主所为，看到自己的田地里出现麦田怪圈，农场主声称这是一种"恶意破坏行为"。在麦田怪圈迷开办的一家网站上，这位自称加文·戴维斯的农场经理发帖子表达内心的愤怒。他希望该网站不要鼓励人们去参观这片农田。

神秘麦田怪圈呈现完美数学定律

科学家在英国威尔特郡的一块座油菜田地中再次发现了"麦田怪圈"。这一怪圈完美展示了欧拉公式中的复变函数定律。这一奇特的现象再次引发了众多科学家和"麦田怪圈"痴迷者的目光。

怪圈多出现在英国

第一例"麦田怪圈"现象的报道可以追溯到 1647 年，而随后多个国家出现了这一奇特的现象，不过绝大多数是出现在英国。截止目前全球每年大约要出现 250 个左右的"麦田怪圈"。

此次威尔特郡发现的麦田怪圈吸引了大批怪圈研究者的注意。露西普林格尔表示，这个怪圈呈现出了欧拉复变函数的定律，可以说是非常完美的呈现。而且这个怪圈隐含的调子则是钢琴的音阶，钢琴的音阶也是通过这种方式来演奏的。

怪圈呈现完美数学定律

他认为这个新发现的麦田怪圈足以和 2008 年的巴伯里城堡麦田怪圈相提并论。在 2008 年巴伯里城堡中发现的"麦田怪圈"完美的呈现了几何圆周率的前 10 位——3.141592654。

1966 年，在澳大利亚昆士兰州塔利，一个农民说，他看到麦田上空有 30 至 40 英尺高的地方有一个飞碟飞过。飞碟飞走后，它停留地方的作物按顺时针方向倾倒。

现在许多相信飞碟创造了麦田怪圈的人还认为，麦田怪圈的形状实际上是地球以外高智慧生命体留下的记号，也许是在警告地球的环境变化和命运。

但是对于那些复杂多变的麦田怪圈来说，似乎不是人为的力量能够造就的。那它们又是什么东西或者什么力量来完成的呢，没有人能够准确回答，目前尚是一个谜。

迷你知识卡

第一个出现的麦田怪圈——魔王之杰作

据史料记载，英国最早出现麦田怪圈是在 17 世纪。据说，麦田里一夜之间出现一幅木刻画，好像魔鬼用大镰刀在稻田里画过圈。有人将这解释为：一位农民因割草机的价格太高，火冒三丈的地进行收割工作，并表示他宁愿自己就是"魔鬼"，亲自做修剪。正如传言所说，那天晚上麦田里的农作物发出亮光，好像起火了似的。第二天早上就出现了一个麦田怪圈。

第7章 电影说话
——地球人大战外星人

《星际迷航》

外星人简介：来自罗姆兰星球的残存分子，由虫洞出现，科技领先现实中129年，船长为尼禄，驾驶采矿船那罗陀穿越时空向人类复仇。

实力对比：外星人武器：129年后的采矿船，制造黑洞的"红物质"。

人类武器：129年前的太空战舰，激光枪，传送设备。

作战地点：外太空。

技术的进步总是日新月异，你无法想象100多年后的玩意是多么地先进，这亦可以解释为何产于23世纪的战舰斗不过24世纪的采矿船。正因如此，斯巴克和寇克船长只能通过传送进入那罗陀号截取红物质，斯

《星际迷航》中的外星人

《星际迷航》剧照

巴克在这个过程中找到了自己 100 多年后的飞船，并以之打掉了采矿船投向地球的钻头。

这段戏的气魄最接近《星球大战》系列，载着红物质的飞船冲向那罗陀号，转眼间所有的触角分崩离析化为灰尘，被黑洞吞噬；而满载人类的"企业号"，则在甩出的所有爆炸物的推力下，成功离开了黑洞引力圈。

《洛杉矶之战》海报

《洛杉矶之战》

外星人简介：诞生自海洋的外星

《洛杉矶之战》剧照

生物，有类似昆虫样貌的人体结构，表面有黏液，文明程度高过人类，依赖水资源。

实力对比：外星人武器：空对地飞弹、小型飞船、等离子枪。

人类武器：冲锋枪、导弹、武装直升机。

作战地点：洛杉矶。

滑过天际的激光束，就像空中掉落的宇宙尘，各大城市转眼就成了一片片火海废墟。洛杉矶成了人类的最后一道防线，惨烈的战斗，从空中对峙蔓延到巷战，外星人的火力如同雨点狂落，陆战队员是人类最后的救命稻草，除了在街区匍匐前行，做着艰难的阻击工作，还深入地下水道外星人的驻点，与那骨骼硕大、昆虫模样的生物血拼到底。武装直升机缓缓地驶过天空，望向大地，是一片烟尘弥漫、布满弹坑的满目疮痍。

这部《洛杉矶之战》把话题集中到宇宙拆迁队的光临，不明生物们想要掌管人类水资源，并为此向人类宣战。这一次，战火从天空烧到了街市，外形独特的生物们走下了飞船，

与外星人荡气回肠的巷战，恐怕是科幻片最新鲜的东西了吧。

◩ 《变形金刚》

外星人简介：塞伯坦星球上出产的机器人，分为军用和民用，前者为霸天虎，后者为汽车人，善恶有别，能变形为汽车或飞行器，钢铁结构，拥

变形金刚

《变形金刚》剧照

有武器，破坏力惊人。堕落金刚是塞伯坦星球上最早的13个变形金刚之一，操纵霸天虎，阴谋使用太阳能制造能量块。

实力对比：外星人武器：身体携带的各类武器，迷你小机器人。

人类武器：CV-22、F-16、F-117战机、武装直升机、航空母舰等。

作战地点：卡塔尔/埃及。

在钢铁巨人面前，人就成了侏儒，连一个蝎子机器人都能搞得整支海军陆战队不得安宁，锋利的尾巴可以轻易贯穿一个人的胸部，全金属外壳是防御各类枪弹的天然屏障，打不过就只能躲到掩体之后，或者四散奔逃。卡塔尔人还想用步枪还击，事实上只能证明是个笑话，因为连军方派来的F-117战机等，亦没能对蝎子战士形成有效的打击，在被炸翻了N回之后，这只蝎子又钻回了地下，只剩一个断掉的尾巴在地面欢腾跳跃。

续集中，战争的场景从卡塔尔奔到了埃及，做好了准备的美国人选择了海陆空集体出动，轰隆隆驶来的悍马、装甲车和坦克，滑翔而过的F-16编队，驻扎在港口的航空母舰，形成对堕落金刚们的合围。

不过究竟来说人类还是太过弱小，霸天虎们的金刚之躯和多变的武器配置，让人类在逃窜中如同蝼蚁。最能对机器人形成有效打击的，恐怕是航空母舰上的新式电磁炮，它直接将金字塔上攀援的那位仁兄炸成了废铁一堆。

《第五元素》

外星人简介：孟加罗人，样貌呈半兽人状态，在星际间买卖武器，曾经击落过载有第五元素的飞船，凶狠有余，智商较低。

实力对比：外星人武器：冲锋枪、迷你火箭弹。

人类武器：冲锋枪、手枪、定时炸弹。

作战地点：失落天堂。

跟 Zorg 做买卖带了空箱子，可见这群半兽人还有点智商，不过他们还随便按武器上的红色按钮，证明也不过尔耳。布鲁斯·威利斯扮演的柯本上校持枪出来血拼，又被对手强大的火力逼退，甚至还丢了武器，任敌人的火箭弹呼啸地将掩体轰个粉碎，不识相的群众竟莫名地给扔过来两个琉璃球。其实这段戏拍得格外喜感，借助"人体杠杆"把孟加罗人弹到房顶，反而让它歪打正着将同伙歼灭。面对蜂拥而至的敌方援军，柯本上校也本能选择撤退，走之前亦不忘留一颗炸弹，将对手送上西天。

导演吕克·贝松对外星人的构思可谓繁复多样，除了这种半兽人的样貌，还有各种昆虫类，甚至长满触角的软体类生物，太空歌剧院的一场戏更是成了外星生物的乐园。本片来源于吕克·贝松上学期间做的一个梦，能将自己的梦在电影中实现，恐怕是一个导演最享受的事情了吧。

《第五元素》剧照

《第九区》中的外星人

◪ 《第九区》

外星人简介：外太空的龙虾状生物，文明发展不均匀，精英族群因感染病毒而死亡，仅存留孱弱的、智商较低的人口。

实力对比：外星人武器：多功能机械铠甲。

人类武器：重机枪、MP5 冲锋枪、狙击步枪。

刚刚拿到外星人身份证的主人公迫不及待地开始拯救同胞了，当然地球人殖民大蝗虫也确实不怎么人道。智商高、情商低是片中外星人的

典型特征，多功能的机械铠甲，一如宇宙骑士的战衣，可以抵挡冲撞的汽车、飞驰的子弹，还具有非凡的弹跳加速性能。而这段戏拍得同样悲情，因为流着一半人的血脉，它并不忍对袭击者展开大屠杀，终于在人类猛烈的枪弹下颓然倒地。对外星武器的陌生，亦没有让他把这件战衣的威力发展到极致，否则的话，至少是个变形金刚摧枯拉朽那样的状况吧。

大蝗虫在高等族群和低等生物之间的模糊定位，证明了人类对外太

《第九区》剧照

空生命形式的某种迷茫。这部电影围绕人类对外星生物的殖民化态度，将人类所谓的"人道主义"外衣撕得干干净净，在作者眼中，安心于啃猫粮的大虾们，恐怕比尔虞我诈的人类要高尚得多。

大虾们最后还是对人类的丑恶看不惯了，在自己的新同胞惨烈牺牲后，他们一哄而上将开枪的人撕成了碎片。

《铁血战士》

外星人简介：神秘星球上的食肉动物，状如野猪和角龙，多锐利触角，奔跑极快，凶猛。

实力对比：外星人武器：触角。

人类武器：AK 冲锋枪、手枪、匕首等。

最凶猛的食人兽，就是对这些穿越而来的人类的最友好的招呼，这些兽类除了长相邪恶外，头顶还长满了向前的长角，便是它们作战的长矛，直可将你插成肉酱。

风驰电掣的野兽穿行在草丛里就像幽灵，皮硬肉厚，对付它们的工具亦只有接连不断的火舌。人类最优越的战士，也被它们追逃的犹如丧家之犬，惊险的关头，还是靠匕首穿喉而过死里逃生。

最勇猛的女战士用狙击步枪毙掉了凶兽,却在面前的危机下欲寻求自杀解脱,幸运的是神秘人在这瞬间帮了一把——这就是隐身了的铁血战士。

神秘的星球,未知的恐怖,危险远远不止几个外星兽这么简单,还有在丛林里的"狩猎者"——拥有智能铠甲和等离子武器的铁血战士。

铁血战士是外星类人的宇宙高端生物,拥有空前的科技文明,在近些年的作品中又被诠释为地球远古时代的神——埃及和玛雅文化的创建者。

铁血战士

《铁血战士》剧照

⊠ 《阿凡达》

外星人简介:潘多拉星球上的纳威人,身高 3 米左右,处于氏族部落文明阶段,刀耕火种。有尾巴和辫子状的感受器,皮肤呈蓝色,手脚均只有四指。

实力对比:外星人武器:长矛、弩箭、机枪(阿凡达使用)。

人类武器:攻击型飞船、大型装甲车、机器人、武装直升机等。

作战地点:潘多拉星球。

侵略只能换来报复,被人类殖民的纳威人开始反抗,毫不关心实力上的悬殊对比,早已抱定了玉石俱焚的决心。

魅影横冲直下,可以将武装直升机玩具一样摔在断崖上,尖利的箭可

纳威人

以穿过飞行器的玻璃,却也有无数的纳威人倒在炮火之下。空中仍飘浮着岛屿,战斗变得异常惨烈,大义变节的女飞行员攻击了领导的专机,接着又被领导击落。

丛林中的野兽们亦加入统一阵

阿凡达

线，无尽的爆炸之后，恃强凌弱的人类终于缴械投降。

人类在《阿凡达》里扮演了星际拆迁队的身份，为了圈地采矿攫取资源，他们极端残忍地逼纳威人离开驻地。甚至开动空军和机器人部队来驱赶，毫无疑问这种非人道主义行为会受到各方谴责。

◿ 《星河战队：入侵》

外星人简介：虫族，总部在地球以外的 K 星，并在周边星球广泛分布，状若蜘蛛和甲虫，有坚硬的外壳、锐利的钳子和锋利的牙齿，部分会喷射火焰和毒液，栖居于地下洞穴，常以星球上的小陨石攻击人类。

实力对比：外星人武器：钳子、体内喷火设备。

人类武器：冲锋枪、手雷、高射炮。

作战地点：P 星。

没有什么比蜂拥而来的蜘蛛族群更让人心惊胆战的了，这些呼啸而来的外形生物，前赴后继地形成了对人类基地的合围。它们锋利的触手，可以轻易地将全金属外壳的人类战士穿胸而过，天空中飞过的，部分拥有翅膀的虫类，亦可以轻而易举地摘走人的头颅。地缝地下爬出的大甲

虫，轻易地咬掉人的下半身，吐出的火焰，瞬间就把人化为灰烬。在这段激战的部分，唯一的感觉就是紧张和窒息，英勇的女战士刚刚把手雷扔进大甲虫的嘴中，还没来得及欢庆，就被身后赶来的一只大蜘蛛穿膛毙命。

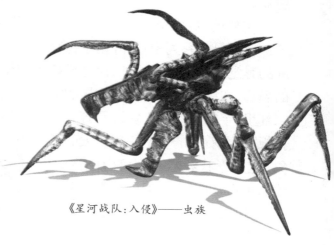

《星河战队：入侵》——虫族

电影中对虫族的定位充分参考了蚁族的特征，才有了各种不同形态的分化。电影中对它们的诠释，亦不是只停留在昆虫的等级上，而是言明它们会依靠吸食人脑而提升智慧，即使如此，人类的智慧也始终会高于虫类，这部电影也自始至终张扬着一种人类的优越感。

◿ 《异形2》

外星人简介：一种来自外太空的不明生物，有利齿和爪的结构，善于

弹跳，行动迅速，以人类等生物为宿主和食物，可以在下水道和天花板夹缝等狭窄区域内穿行。

实力对比：外星人武器：爪牙、尾巴、寄生手段。

人类武器：冲锋枪、手雷、火焰喷射器。

作战地点：太空舱。

在《异形》系列中，与外星生物交战的感觉已经不再是惨烈，而是无端的恐怖，在詹姆斯·卡梅隆执导的第二部里，宇航员们小心翼翼地打开天花板顶棚，看见的是恶心又骇人的景象。这些形状邪恶、身上流着粘稠液体的生物，可以在飞船的缝隙中肆意穿行，血盆大口能对人类形成最有效的伤害。

应该说这段戏非常动魄，异形的追逐，人类的亡命，在飞船隧道这个迷宫里毫无喘息之机，更要命的是人类中间居然还生出一个叛徒，好在恶有恶报，他的后果就是在异形的牙齿下了却余生。

如果说哪部电影开创了"科幻+恐怖"的新模式，那一定是《异形》系列，甚至连约翰·卡朋特的《突变第三型》都选择对其模仿，关于"异形"的电影，到今日更是多达十几部，足见这个丑陋的物种是多么令人难忘。

与这个片段中交代的一样，对异形的攻击，并不是普通的冲锋枪可以奏效的，至少需要大规模爆炸物和火焰喷射器。

异形

迷你知识卡

黑洞

一种引力极强的天体，就连光也不能逃脱。当恒星的史瓦西半径小到一定程度时，就连垂直表面发射的光都无法逃逸了。这时恒星就变成了黑洞。说它"黑"，是指它就像宇宙中的无底洞，任何物质一旦掉进去，"似乎"就再不能逃出。由于黑洞中的光无法逃逸，所以我们无法直接观测到黑洞。

第8章　有"外星人"做伴,地球人不再孤单

◩ 外星人隐居地球之谜

在 1987 年,到非洲扎伊尔考考察的 7 名科学家无意中闯入一个与世隔绝的古老部落,发现部落里的人与普通人长得大不一样。相处了一段时间之后,他们惊奇地了解到这些人对太阳系的知识极为了解。经过进一步接触,部落的人才透露出一个惊人的秘密。

据说在 170 年前,有一艘火星飞船为避难来到此地,与当地的土著人生活在了一起。1977 年,一本畅销书《天狼星之谜》中也曾堤到,世代居住在西非的多贡人其实是天狼星人的后裔。

他们早在上世纪 40 年代就向世人详细描述了天狼星的伴星,而

太阳系

飞碟

这颗星直到 1970 年才完全露出他的真面目。这些报道是真是假还需要一步确证。但一些古文明中确实存在着令今人都自叹不如的知识与技术，他们的智慧难道真的来源于外星人吗？

◼ 飞碟跟踪地球飞机

在 1957 年 7 月 17 日清晨，当时，美国一架"RB47"型飞机起飞，离开德克萨斯州托皮卡附近的福布斯空军基地。

就在这个时候，坐在驾驶位置上的蔡斯上校突然看到一道光，起初他还以为是另一架高速飞行在 11 时区的喷气式飞机的着陆灯。这道光比

不明飞行物

"RB47"型飞机稍稍高一点，上校提醒机组人员麦克科伊德注意前方的光线，同时指出，光线处没有任何飞行器的灯光。

当那股淡蓝色的强光继续前进时，上校通过内话机向机组人员发出警报，命令全体人员做好突然偏航避

免碰撞的一切准备。

就在他们准备偏航的时候，一件怪事发生了：那个发光体改换了方向，以某种角度横插他们飞机的航线中心线，从飞机的左方一下子"跳到"了右侧。速度之快令有20多年飞行生涯的蔡斯诧异不已。

假如它不是飞碟的话，那它又是什么？人类研制出的各种飞行器的速度根本无法与它相比。在精密仪器的监视下，那个发光体仍然在飞机的周围逗留着，似乎在观察和研究人类的飞行物，直至几分钟后才消失。

宇宙中的神秘岛

在宇宙空间中，有一个神秘的区域，不管什么物体只要进入这个区域便会消失得无影无踪，人们称之为"黑洞"。早在1898年人们就对黑洞有了认识。

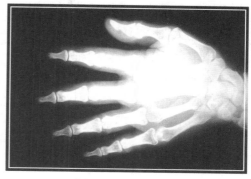

"外星人手掌"创意图

法国著名数学家拉普拉斯认为，如果一个天体的密度或质量达到一定的限度，我们就不会看到它了，因为光没有能力逃离开它的表面。也就是说光无法达到我们这里。

不过，黑洞引起科学家们的普遍关注，还是在爱因斯坦的广义相对论公布之后。人们根据爱因斯坦的理论就黑洞存在的条件及形成原因等问题进行了探索。直到1965年科学家们观测一束来自白

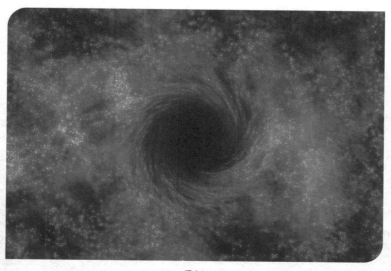

黑洞

天鹅星座的 X 射线后,才真正打开了人们探测黑洞的大门。

经研究,这是一颗明亮的蓝色星体,同时,它还有一颗看不见的伴星,质量要比太阳大 10 ～ 20 倍。

几年之后,科学家们根据这些强射线找到了 X 射线的真正发射源,这是一颗伴星,其质量是太阳 5 ～ 8 倍,但人们看不到它所在的位置。到目前为止,这是黑洞最理想的"候选人"。

◥ 金星古城遗址之谜

多少年来,人们一直认为,金星上没有任何生物存在,但是一艘前苏联无人太空船却在那里拍下了一组惊人的照片,照片显示出有大约 2 万个城市曾建立在那个星球上。这些

城市散布在金星表面,但是城市都是倒塌的状态。

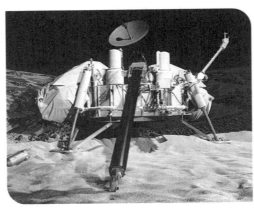

金星探测器

根据科学家分析,这是一些城市遗迹,由一个绝迹已久的金星民族留下来的。城市以马车轮的形状建成,中间的轮轴就是大都会的所在。这里还可能有一个庞大的公路网,它把所有城市都连接在一起,直通向它的

金星表面

金星

现系外行星的踪迹。

目前,隶属于美国国家航空航天局的开普勒系外行星探测器任务小组正在审议一项新的探测计划:使用快速红外系外行星光谱调查探测仪对"外星人星球"进行搜索,其原理也涉及到对行星凌日的光谱测量。

随着更好的探测仪器和方法被用于搜索位于遥远宇宙空间的"外星

中央。

事实上,我们很难直接观测到系外行星的"倩影",因为只有地球大小的行星在如此遥远的距离上,几乎被它们的恒星耀眼的光芒所"吞没",而研究人员则是通过"凌日法"来发现系外行星的存在,即系外行星通过恒星盘面时,恒星的光线就被遮挡,会出现微弱的亮度降低,这样便可发

行星撞地球

外星生物形象

世界"，科学家系外下一代的空间望远镜不仅仅具有能发现系外行星的能力，也应该可以直接给出行星大气组成成分，比如云层覆盖的情况，甚至可以告诉我们系外行星地表是什么样子，是否存在海洋、以及海洋覆盖面积占行星表面积的多少、还有多少陆地等。

在进一步的研究过程中，我们还可能发现外星生物与它们的行星环境相互影响的痕迹。

☒ 智利上空的"不明飞行物"

在智利境内举办的一场特技飞

美国航天局的试验操作室

特技飞行表演

行表演上出现了一个不明飞行物,这一幕被人们用视频拍摄下来,引发热烈讨论。这段视频显示有一个"点"在不同的帧之间快速移动,这一现象引起了一位工程师的警觉,他甚至为此专门通知了智利政府。

这个UFO是在智利境内位于首都圣地亚哥附近的巴斯克空军基地上空出现的,当时显然没有引起地面上人们的注意。但是究竟这是外星先进的隐身技术,还是录像造假,则只能取决于每个人的判断。

调查记者兼《UFO》作者莱斯利·基恩说:"这是一个非常非常不寻常的案例,我希望这一事件可以帮助推动人们去承认这里确实存在某种值得去进行进一步研究的东西。这或许将成为一个具有突破性意义的案例。"

然而辟谣者罗伯特·谢弗指出:"那些所谓'无法解释'的谜团之所以你觉得它无法解释,是因为你根本就忽略了人们对它的解释。这就是现实。"

基恩找出了几点元素,正是这些元素的存在让这段录像变得有些特

超音速飞行

别,尤其是政府的调查机构对这段录像进行了细致入微的检查,并在7段不同的录像中发现了这个物体的踪迹。

首先,人类在这样速度运行下的物体内部将是无法生存的,其次,以这样的高速度运行的物体竟然没有出现音爆现象。

然而,尽管基恩认为这一案例将会"让 UFO 怀疑论者们心生忧虑"时,批评者们却不为所动。天文学家菲尔·帕莱特说:"这只是一个存在于低分辨率录像中的微小物体。"

如果靠的足够近,就可以形成录像中出现的效果。

◤ "外星人星球"将被发现

美国国家航空航天局的科学家称,第一个真正意义上的"外星人星球"将在未来两年内被发现。到目前为止,天文学家已经确认了超过750个外星世界,而开普勒系外行星探测器已经"标记"出 2 300 个"候选行星",正在等待科学家的进一步确认。

科学家的目标是发现与地球空间环境类似的系外"类地行星",比如在大小上接近地球、轨道位置也要处于恒星周围的可居住带上，可能在话，上面或许存在外星生物。

根据美国国家航空航天局华盛顿总部的研究人员、系外行星生物学家肖恩·多马加尔·戈德曼在一份声明中表示："我相信开普勒系外行星探测器将在未来两年内发现位于恒星可居住带上的类地行星，我们能够在夜空中指着一个星球说，那就是一颗可以支持生命的星球。"

对于美国国家航空航天局而言，该机构的其他科学家似乎也乐于分享行星生物学家戈德曼的乐观前景，

研究人员已经着手探索"外星人星球"上各种物化成分的方法，一旦发现这类星球的存在便可马上开始探测。

比地球上更聪明的智能恐龙

美国宇航局用开普勒望远镜扫描天空，寻找"适合居住的世界"。但一位美国化学家表示，整个计划可能是个可怕的主意。

罗纳德·布瑞斯洛说，基于稍有不同的氨基酸和糖的生命形式可能

不明飞行物

外星生物

如果没有一颗小行星碰撞地球,哺乳动物就不会拥有一个美好未来。离它们远点,我们会过得更好。"

布瑞斯洛在研究报告中论述了蛋白质基础成分陆生氨基酸、糖、遗传物质 DNA 和核糖核酸主要以一个方向或一种形状存在的原因,这个问题一个世纪以来一直困扰着科学家。它们可能有两个方向,左边和右边,正如左手和右手的关系。

外星球智能龙创意图

变成巨大凶猛的恐龙,它们已经进化出像人一样的智力和技术。他指出,一颗小行星消灭地球上的恐龙是件幸运的事,为人类等动物带来一个干净的家园。布瑞斯洛说:"远离它们,我们会过得更好。"

在其他星球上,恐龙可能进化成一种不仅巨大,还很聪明,并配有高科技武器,对新鲜的肉永不满足的"斗士"。布瑞斯洛说:"研究显示,其他星球也有生物,但和现在科学家认为的生物不同。

从美国宇航局的这个计划可以看出,宇宙中的其他地方可能有基于 D 型氨基酸和 L 型糖的生物。这样的生物可能以新型恐龙的形式出现。

◪ "亚特兰蒂斯"号的神秘发现

2011年7月21日黎明前夕,"亚特兰蒂斯"号在佛罗里达州美国宇航局肯尼迪太空中心降落,结束了持续30年的航天飞机项目的最后一项任务。

2012年4月7日,有人拍摄到一个神秘的白色圆形物体在韩国首都上空的一架客机周围徘徊。

对美国宇航局实况公共转播的地面控制评论员来说,它们只不过是"其他物体在相机镜头上留下的映像",但是航天飞机"亚特兰蒂斯"号上的机组成员并不这么认为。

一段怪异的视频显示,该航天机2006年在轨道执行任务时,3个"圆形物"在它周围缓慢移动。这段脚本是实况转播的一个片段,开头是一名宇航员向地面控制中心描述他们看到的画面。

这位没有透露姓名的机组成员说:"这个结构显然不是硬式飞船。它与我们以前在航天飞机外看到的任何东西都不一样。"他描述了该物体是如何"快速移向航天飞机的前端,并在距离至少100英尺(30.48米)时突然飞走了"。

发射"亚特兰蒂斯"号

接下来的几分钟没有任何值得注意的事情发生,但是在4：45时相机望向航天飞机外面,注意力集中到3个圆形物上,它们显然正在航天飞机附近以三角形阵列盘旋。

地面控制评论员立刻否定了它们,认为"这只不过是其他物体在相机镜头上留下的映像"。但是航天飞机机组成员并不这么认为,其中一人确认他们看到"3或4个物体",并询问："你能证实正在移动的只是一个物体吗？"

尽管这段脚本充满神秘色彩,但由于它太模糊,根本无法确定是不是有 ET 真的在观察这项航天飞机任务。很多人认为,机组成员看到的是太空垃圾。不过最近可能真有 ET 在韩国首尔上空盘旋呢？

4月7日,有人拍摄到一个神秘的白色圆形物体在韩国首都上空的一架客机周围徘徊。这段视频被上传到网上,最初位于屏幕底部的那个"飞行器"与客机一直保持同步。

但是稍后它突然加速飞向更高处,正当那个吃惊不已的人准备放大画面,更近距离地看一看它时,它却从屏幕中消失了。当 UFO 加速时,可以听到他发出的惊呼声,像是在努力吸引别人的注意。

"亚特兰蒂斯"安全着陆

迷你知识卡

亚特兰蒂斯号航天飞机

1985 年,"亚特兰蒂斯"号成为美国宇航局的第四架航天飞机。"亚特兰蒂斯"号是以美国第一艘远洋船舶的名字命名的,这艘轮船从 1930 年到 1966 年在马萨诸塞州的伍兹霍尔海洋研究所被用来进行研究。

"亚特兰蒂斯"号航天飞机重 77.7 吨,它在 1985 年 10 月和 2010 年 5 月之间进行了 17 次飞行。2011 年 7 月 8 日,"阿特兰蒂斯"号航天飞机在佛罗里达州肯尼迪航天中心点火升空,开始它以及整个航天飞机团队的最后一次飞行,于美国东部时间 21 日晨 5 时 57 分在佛罗里达州肯尼迪航天中心安全着陆,结束其"谢幕之旅",这寓意着美国 30 年航天飞机时代宣告终结。

第9章 探索更新
——地球本身或是巨大"外星人"

◥ "盖亚假说"

上个世纪 70 年代，詹姆斯·洛夫洛克与知名的美国生物学家林恩·马古利斯发现地球的物理与生物过程可"关联"到一种神秘的自我调节机制。但是该理论被编写成书籍出版时，却成了"邪教"的反面典型，假说中提到地球是一个巨大的化学系统，几乎就像是一个外星"有机体"，虽然该理论永远不可能被证明，但它还是一直延续至今。

在 2010 年，有将近 400 名学者建议将盖亚假说授予英国学术突破第六个伟大的发现，这是因为科学家们现在发现地球化学存在一个新的线索，即从硫元素的循环可计算出地球可能是一个巨型"活着的"化学系统，支撑着星球上所有生物。

盖亚假说并不侧重于强调地球是某种意义上的"生命"，但该理论将

地球有自我调节机制

地球

所有的生物与非生物环境联系起来，从而形成了一个可维持生命条件的系统。

盖亚假说的早期提出者为詹姆斯·洛夫洛克，他做出的预测中包含了一个惊人的事实：现代的科学家发现海洋中的生物可产生一种含硫的化合物，并释放到空气和陆地上。科学家目前正处于检验盖亚假说的理论边缘，至少可得出地球的一部分是一个系统的结论，含硫化合物的最可能物质被认为是二甲基硫化物。

马里兰大学的研究人员哈利奥杜洛创建了一个工具来测量和跟踪含硫量的变化，该循环链通过海洋生物释放进入大气等环境中，这套方法可能有助于证明或者反驳盖亚假说。

科学家们通过展示二甲基硫可能存在的不同释放形式，有助于精确估计其释放到大气以及海洋循环的总量。与其他化学元素一样，硫也有不同的同位素，它们具有相同数量的电子和质子，只有中子数量上存在不同。因此，同位素的特点是具有几乎完全相同的化学特性，而在质量和原子核属性上有差异。

海洋

马里兰大学地球化学家詹姆斯·法夸尔介绍："这项研究工作的建立使我们可观察到硫同位素在不同的海洋环境和不同生物体中出现。"因此,通过跟踪同位素来了解海洋硫化物循环,可帮助我们更好地发现二甲基硫的释放量与硫酸盐气溶胶之间的联系。

◪ 希特勒曾秘密研制 UFO

关于纳粹德国是否曾秘密研制过 UFO(不明飞行物)一直是个谜,有消息称希特勒打算靠这种神奇武器来赢得战争。而希特勒的高级将领、纳粹德国的空军总司令戈林也曾表

希特勒

示,纳粹的"秘密武器V7"可能决定战争的胜负。

在近70年后的今日又出现了一个关于希特勒制造神秘飞碟的消息。近期德国的《科学杂志》发表文章讲述希特勒及其"V7计划"。

不明飞行物飞过泰晤士河

杂志上说,1944年有目击证人表示看到过一个圆盘低空飞过英国伦敦泰晤士河,美国人担心德国人要开始用核武器对纽约发动攻击。《纽约时报》当时还曾报道过,一个影像模糊的"神秘的漂浮球"高速坠毁了。另一个传言是,1944年2月,纳粹德国制造的飞碟首次飞行即达到2000千米每小时的速度。

在《科学杂志》发表有关希特勒及其V7计划文章的航空历史学家彼得表示:"以当时的技术完成这一科技巨作是不可能的,后来证明造出来的东西只是一个垃圾,但这却是最好的心理战术。"

希特勒时期的V7计划产生的绝大多数文件和记录在战争结束后即消失得无影无踪了,此后民间充斥的都只是毫无书面依据的传闻。

杂志中还援引一名加拿大UFO专家的话称,他当时曾经参与帮助希特勒造飞碟,但结果是令人失望的,造出来的东西只是飞起来东倒西歪,且时速只有50千米的失败的飞盘状物体。

◤ 我国宋代外星人现身西安

《拾遗记》是晋朝的志怪名著,专门记载伏羲以来的奇闻异事。其中

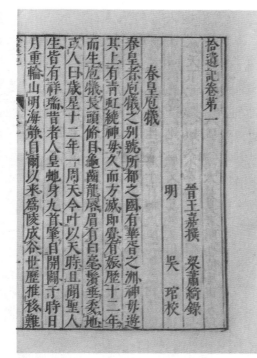

《拾遗记》

关于古史的部分很多是荒唐怪诞的神话，因此《隋唐志》将它列入杂史，《宋史·艺文志》将它列为小说。但我们知道，神话往往是历史演变而来的，因此，卷一的唐尧中有一段文字引起了人们极大的注意和兴趣。文中说：尧帝在位三十年的时候，一只巨大的船出现在西海，夜晚船上有光，当时海边的人们将之称为贯月槎，船上有身披白羽会飞的仙人。

以中国古史年代记载，尧帝于公元前 2357 年即位，故事发生于公元前 2327 年，距今 4 000 多年。如果将贯月槎视为太空船，那么可以顺理成章地将仙人解释为身穿太空服的

《资治通鉴》

宇航员。贯月槎后来消失无踪，可能是他们完成了考察任务，回到了自己的星球。

《资治通鉴》是宋朝司马光奉诏所撰的编年史书，书中共包含有365则日食记录、63则彗星记录、26则流星陨石记录以及数十则地震、水灾、旱灾等天灾记录。除此之外，还有17则无法用日月星辰变化规律来解释的天象记录。

东晋干宝的《搜神记》中，还记载着一件与火星人接触的故事。三国时期的吴国，在一群玩耍的小孩子中出现一个长相怪异的孩子，他身高约133厘米，身穿蓝衣，两眼闪着锐利的光芒。孩子们因从来没有见过他，纷纷围上来问长问短。

蓝衣孩子说：我不是地球的人，而是一个火星人。看你们玩得开心，所以下来看看你们。他还说：三国鼎立的局面不会太长久，将来天下要归司马氏。孩子们听到这一消息都吓坏了，一个孩子飞快地去报告大人。

当大人赶来时，火星人说声再见，立即缩身跳到空中，大家抬起头，只见一条白色的气体犹如白布，正疾速地向高空飞去。当时谁也不敢将此事张扬出去。此后过了4年，蜀亡。又过了17年，吴国也灭亡了。三国分裂混战的局面结束，由司马氏统一了中国。这正应了火星人的预言。

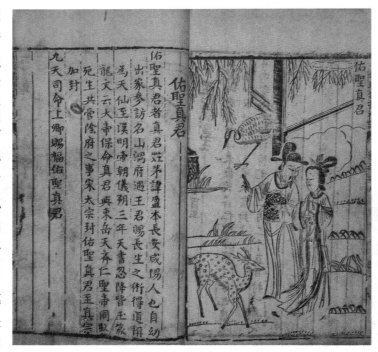

《搜神记》

《宋史·五行志》记载，宋乾道六年，西安官塘出现了一个鸡首人身的怪物，高约丈余，大白天从高空中降

《梦溪笔谈》

地逗留时间长达十几年,先后停留在三个湖泊中,或许是在搜集地球上的水中生物,作者还强调许多居民都见过它,证明不是自己凭空想象或捏造出来的。

19世纪绝密"UFO"计划

在经典的 1951 年上映电影《地球停转之日》中,描绘了典型的飞碟特征。就在当地居民抬头凝视并瞠目结舌地想要知道这些东西到底是什么的时候,外星人的飞船如同庞大而会飞的碟子掠过头顶,而在这之前,这些不速之客悬停在华盛顿国家广场上空,并轻轻拂过地面飞行。

在那个年代,相关国家正迷恋类似飞碟的碟形飞行器,希望有朝一日研制出真正的飞碟。碟形飞行器的初期想法可追溯到 1898 年的一个毫不起眼的专利,而申请这项专利的先生名为琼斯。

根据约翰·普塔克近日对罕见的历史档案解析发现,早在 19 世纪就出现了有关飞碟的设计方案。而

落下来,在田野上行走,还试图与人交谈。现在看来,这可能是个戴着鸡形头盔的外星人。

宋朝沈括所著的《梦溪笔谈》中也记载了不明飞行物的故事。文中说:扬州地区有一个奇怪的大珠,其形状犹如蚌壳,正是典型的飞碟形状,而且会放出强烈的光芒。它在当

约翰·普塔克则是位专攻极易被人忽视的小事件,比如人类第一次驾驶飞机进行机腹朝上的颠倒飞行发生于 1913 年。

普塔克查看了保存的专利图,根据设计图中显示的通向主轴的梯子推断这个碟形飞行器至少有 60 英尺高。其主体为一个巨大的摩天轮状的圆盘,直径大约在 40 ～ 50 英尺之间。不幸的是,现在几乎没有人了解到这位神秘的琼斯先生。

碟形飞行器的最大特点是可以垂直起飞和垂直降落,并结合流畅完美的空气动力特征可以突然向前飞行,这也是碟形飞行器的主要技术难点,如果我们能攻克这些技术,那就能发挥出碟形飞行器的最大优势。

对于飞行器而言,快速地推拉操纵杆而改变飞行状态是非常困难机动,会使得飞行品质出现不稳定,即便是现代的直升机,尤其在大风中很难维持稳定性。这样看来,器械物理似乎总是需要某种形式的折衷。但是人类可以发挥出自己无限

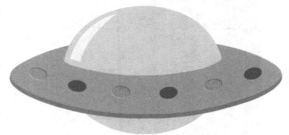

碟形飞行器

UFO

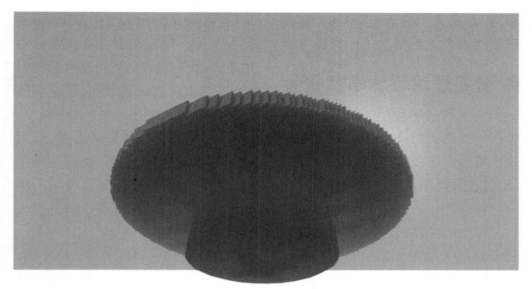

碟形飞行器可垂直起降

的想象力。

早在 1956 年，著名的《机械图解》期刊便过于热衷关于碟形飞行器的文章，比如文章的作者认为存在一种神秘的"柯恩达效应"，将其应用在碟形飞行器上可实现垂直起降，使之具有飞碟的飞行特征，这无疑是足以使当时的人们兴奋的技术。

碟形飞行器的起飞和降落通常是由大型旋转叶片带动周围空气的流动产生升力，但是在地球大气层中依据空气动力学原理还飞行的碟形飞行器必须要拥有额外的补偿升力，而不仅仅是能提供稍微大于自身所受重力的升力，这是因为除了重力以外，空气中不稳定的气流扰动都是对碟形飞行器的稳定性产生影响，如果不能及时补偿失去的升力，那么就会出现事故。这也是在此后的五十年内真正意义上的飞碟还未被研制出来原因。

到了上个世纪 90 年代，美国陆军设计出一款碟形机器人，虽然我们已经将其研制成形，但基于外星人 UFO 为原型的"飞碟"还是科幻小说中的机器。幸运的是，我们在探索碟形飞行器方面不断展现出新的设计概念。

几年前，来自佛罗里达大学的机械和航空航天工程师苏布拉塔·罗伊设计了一款无翼式电磁飞行器，其飞行原理是通过磁流体动力学产生动力,包括离子推进器、等离子体推进等动力系统都是基于此类技术。

◢ 著名理论物理学家霍金

英国著名物理学家史蒂芬·霍金在一部最新纪录片中称,星外生命几乎是肯定存在的,但人类最好避免与其接触,而不是像现在这样竭尽全力寻找它们。

霍金认为,星外生命可能存在于宇宙的很多地点,除了各大行星以外,还可能位于某些恒星的中心,甚至漂流在星际空间中。至于为什么

是这样,霍金给出的理由很简单:宇宙太大了。宇宙包含着 1 000 亿个星系,每 1 个星系又拥有数亿颗恒星。在这么广阔的区域里,地球当然不可能是生命进化的唯一场所。

"我从数学的逻辑来思考,仅仅这些数字本身就表明人类有关外星生命存在的说法是完全合理的,"霍金说,"而真正的挑战在于将外星人找出来。"

至于外星人可能是什么样子的,霍金指出,绝大部分属于细菌或简单动物——在相当长时间里主宰地球

飞碟设计图

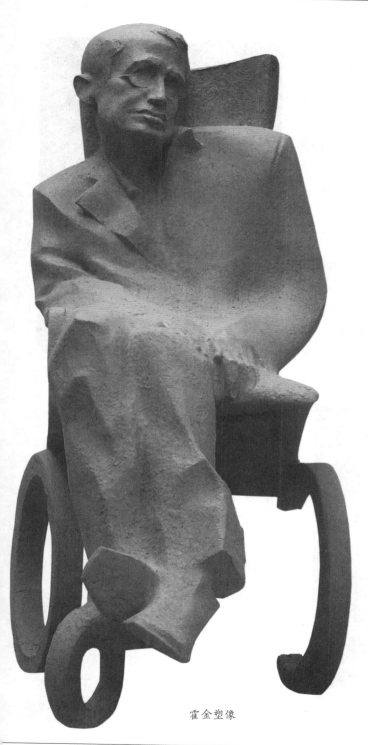

霍金塑像

的两种生命形态。除此之外，也不排除一小部分已经发展成了智能生命，并对人类构成了威胁。可以说，与这种物种的接触对于人类而言将是毁灭性的，因为前者会为了掠夺资源而入侵地球，然后扬长而去。

"我们看看自己就知道智能生命是如何发展到无法自给自足的地步了。我设想他们现在就乘坐着一艘艘的大船，已经耗尽了他们星球上的所有资源。他们可能已经成为了游牧民族，伺机征服并殖民他们能够抵达的任何星球。"

霍金的结论是，试图与外星种族接触"有点太冒险了"。"如果外星人真的有朝一日到访地球的话，我想结果和哥伦布到达美洲大陆时的情景差不多，那对美洲的土著居民可不是什么好事。"

整个纪录片的录制历时3年多，片中记录了

霍金围绕宇宙一些神秘问题的最新见解。现年 68 岁的霍金是英国著名物理学家，被誉为继爱因斯坦之后世界上最著名的科学思想家和最杰出的理论物理学家。由于患有肌肉萎缩性侧索硬化症，他只能通过电脑与外界交流，但这并没有影响霍金在事业上取得突破。

70 年代他与彭罗斯一起证明了著名的奇性定理，为此他们共同获得了 1988 年的沃尔夫物理奖。随后霍金独立证明了黑洞的面积定理，即随着时间的增加黑洞的面积不减。1988年出版的《时间简史》成为全球最畅销的科普著作之一。

外星人

霍金与《时间简史》

2012 年 UFO 大爆发

一系列在中国各地频发的 UFO 事件让民众百思不得其解，而日前中国的天文学家对于这些事件做了回应，认为外星人的存在是完全有可能的，同时表示，若有外星人的存在，肯定已经发现了地球人，如果想掠夺资源的话，早就进行了。

虽然一些地区发生的 UFO 事件被证明是风筝或者军用飞机，但是一些地方的 UFO 事件还是无法解释，对此我国著名的 UFO 专家王思潮教授也是做了回应，他认为光银河系就

银河系

有 25 亿颗可能具有先进技术的智慧文明星球，而人类处于最初级的阶段，如果外星人利用飞行器造访地球并不是不可能的。

但是在国际空间站的宇航员却表示，自己从未发现过外星人，对于这些科学家又是无法解释的，毕竟如果外星人要想造访地球，宇航员是最有可能先接触他们的。对于此，一些 UFO 的学者认为，这可能是因为外星人不想被人类发现所以才会避开国际空间站。

另外，王思潮教授还对 UFO 频发的事件做了相应的统计，认为 2011 年或者 2012 年 UFO 事件可能会再次集中爆发，这或许可以给人类更多观测他们的机会，探秘这些神秘飞行物究竟是不是外星人的飞行器。

此前，霍金希望地球人不要接触外星人，否则的话会引发灾难，但是王思潮教授却表示，如果外星人比我们高级的多，那么早就会利用先进的技术手段发现我们，这和我们利用太空望远镜或者探测器观察火星等行星是一样的道理，如果他们想获知地球存在生命，并不是困难的事情。

地球是宇宙的沧海一粟

◤ 飞碟并非外星人宇宙飞船?

据国外媒体报道,据天文学家马克·汤普森介绍,我们只需要进行稍微必要的常识性判断就可以知道,目前在全世界各地的不明飞行物报告中提到的飞碟不是来自于外太空。

这里面还有一种解释,宇宙到目前为止年龄大约在137亿年,而我们的地球只是沧海一粟,在宇宙中毫不起眼,即使在银河系中也仅仅是一个"小灰尘",即使有着高度发达的外星文明,他们要找到我们的概率微乎其微,另外,由于宇宙中物体的运动速度受到光速的限制,即使存在另一个文明,且他们也知道我们在这儿,也很难达到我们这里。

由于宇宙至今演化的时间极为漫长,宇宙中的文明也几乎不可能在同一时期且相距较近地存在着,即使在某处宇宙空间演化出了一个文明,那这里出现另一个文明,且具有相同科技水平、宇航技术,甚至能进行相互沟通的情况是个非常非常小的概率事件。

我们人类身体上的组成元素，例如重元素，碳、铁等等，也就是除了氦和氢元素以外的化学元素，这些元素的起源是宇宙中第一代大质量恒星的核心物质，在恒星的寿命结束之后，会以超新星的形成爆炸结束，而这些元素则开始了在宇宙空间中漫长的"蔓延"。

最终，这些元素经过数百万年的积累，参与了行星的形成，这个循环周而复始，以至于今天在一颗名叫地球的行星上演化出了人类，进而发展到具备宇航能力的文明形式。

这个情况从概率学上说，宇宙中是存在这样生命诞生的几率，这个数目非常非常地小，即使在另一颗行星上出现生命，而且还应该是智慧生物、这个生物还必须具备宇航能力、而且还要避免出现天体撞击或者自身因素导致的文明毁灭，更重要的一点是，他们要和我们生活在同一个宇宙时期，而且还要发现我们，突破光速和宇宙空间的限制，然后找到我们，这个情况发生的概率那是极小的，可以说是不可能性事件。

据此，马克·汤普森认为：即使外星人就在不明飞行物上，他们跨越

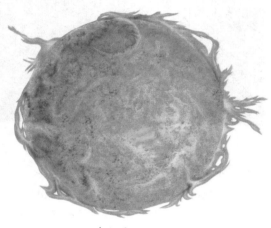

太阳是一颗恒星

诡异岩画

层层阻碍，突破光速限制、压缩宇宙空间到达我们这里，但是他们又不与我们接触，而且这类 UFO 目击事件或者接触事件仅仅是发生在这么几十年内，所以，对于不明飞行物是外星人的飞碟是极为不可能的，虽然没有更进一步的对不明飞行物目击事件证伪的证据。

但是通过种种宇宙学和数学上的假设便可以知道，地球上存在外星人的飞碟是不可能的，而那些不明飞行物的来源更可能对天象和气象上某些错误的判断，或者是代表最新航空航天技术的实验飞行器。

◣ 惊人的假设

美国宇航局科学家和宾夕法尼亚州立大学研究员提出了一种惊人的假设。减少温室气体将拯救地球人类不被外星作优先攻击。外星人现在可能在太空的某个地方进行观测，他们发现地球大气层发生的变化，分析目前人类数量快速增长，将要达到饱和，会失控的可能，他们将视人类为威胁，并采取过激的毁灭性行动。虽然这一假设有些不可思议，但是科学家们称人类与外星人肯定会发生接触。

美国宇航局的高德曼和同事预测了未来人类与外星人接触的几种可能，帮助人类可以有充分的准备来接触外星人。在他们一项研究报告《与外星人接触将对人类受益还是带来毁灭》中，研究人员分析出人类与外星人接触后的三种可能：受益、中立或者危害。

一种最佳的状况，我们探测到外星人的存在，通过一些高科技仪器拦截外星人的通讯信号，和平的与外星人接触，这样可以帮助增强人类的知识，或许可以解决目前困扰全球的饥饿、贫困和疾病等问题。

另外一种受益假设认为，外星

电影中人类遭外星人攻击

人大举进攻地球，不过人类击败了强大的侵略者，或者地球被另一支外星救援部队拯救。在这种情况下，人类的受益不仅是因为打败了外星人得到的精神上的增强，同时还能更加深度的研究外星智慧文明的科学技术。

这是一种平淡的状态，是关于人类同外星人中立性接触，让人类觉得与外星人接触比较无聊，平淡。他们同人类差异性较大，根本无法与人类进行沟通，他们可能邀请人类加入什么所谓的"银河系俱乐部"，如同联合国一样，但这大多的是出于太空政治

因素。或者他们可能像当时的科幻电影《第9区》中那些外星难民那样，给人类带来许多麻烦。

人们最不希望的一种假设，也是最恐怖的。人类受到外星人的袭击，地球受到巨大的威胁。当外星人发现地球人类时，可能对人类噬食、奴役或者攻击，报告中强调指出人类可能遭受性理性损害，或者被传染某种外星的疾病。最糟的假设是当人类遇到更凶狠的外星人，可能受到大面积的攻击，导致人类彻底灭绝。

科学家警告说，人类现在要避免更多的发射无线信号，不能让外星人

145

形似飞碟的云彩

掌握到我们的技术,从而保护人类的技术不会被外星人所掌握。

现在外星人可能担心人类迅速增长,发展过快,他们可能会采取最为极端的毁灭地球的方式。外星人因为保护他们的文明从而消灭我们。

 **迷你知识卡**

霍金

斯蒂芬·威廉·霍金,英国剑桥大学应用数学及理论物理学系教授,当代最重要的广义相对论和宇宙论家,是当今享有国际盛誉的伟人之一,被称为在世的最伟大的科学家,还被称为"宇宙之王"。

70年代他与彭罗斯一起证明了著名的奇性定理,为此他们共同获得了1988年的沃尔夫物理奖。他因此被誉为继爱因斯坦之后世界上最著名的科学思想家和最杰出的理论物理学家。他还证明了黑洞的面积定理,即随着时间的增加黑洞的面积不减。

2012年1月8日霍金预言,地球将在千年内面临核战之类的大灾难,人类只有在火星或太阳系其他星球殖民,才能避免灭绝。

第10章 寻找星外生命的新通道

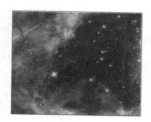

一个世纪的追求

19 世纪末,美国天文学家罗威尔认为他所观测到的火星上的"运河"是人工开凿出来的,并将这种想法与一幅想象图共同发表出来。这在全球引起了较大的反响,一时间,火星上可能有文明存在的说法突然广泛流传开来。

进入 20 世纪初,人类发现了电波之后,便尝试利用电波来接收火星人信号。这种尝试始于 1924 年,当年,在火星最接近地球时,美国天文学家戴伯特·托多在陆军和海军的协助下,尝试接收来自火星的智慧生命信号。

当然,这场努力最终没有达到预期结果。直到射电望远镜发明出来之后,SETI 计划才显得较为真实。

射电望远镜利用定向天线和灵敏度很高的微波接收装置来接收天体发出的无线电波以观测天体,它比光学望远镜的观测距离远得多,而且不受时间和气候变化的影响。

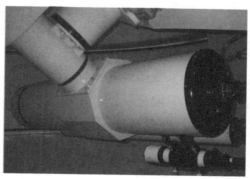

射电望远镜

1960 年,美国天文学家德雷克首次尝试利用射电望远镜捕捉银河系内邻近恒星的电波,可以说是现代

SETI 计划的开始。

过去的 100 年间，人类对宇宙的看法有着戏剧性的变化。20 世纪初，天文学家认为宇宙仅有数千光年大小，同时这个宇宙非常稳定，没有变化，银河系就是整个宇宙，太阳系则位于宇宙的中心。

浩瀚的太空可能存在外星生物

而今天，通过更新的科学研究，科学家发现宇宙的范围广达 150 亿光年，并且布满了许多星系；同时这个宇宙无时无刻不在进化中，我们所处的是一个所谓的四维时空，而且在这个时空中没有所谓的中心；更令人振奋的是，许多科学家坚信宇宙是充满生命的，并称之为"生物学的宇宙"。

但在广袤的宇宙中，是否真的存在与人类一样有智慧的生命呢? 按照科学家们的测定，宇宙已经有 150 亿年的历史，而仅有 50 亿年历史的太阳系便已经孕育出了人类这样的智慧生物，因此科学家们认为宇宙中极可能有较我们先进数十亿年的文明存在。但要怎样才能解开这个谜呢?

最有效的缩小探测范围的方法是，只探测与我们太阳系相近的星球。因为只有像太阳般拥有数十亿年长久寿命的星球，才可能有时间创造出足以孕育生命所必需的安定环境。最近几年来，已经发现了一些近似地球的行星系，这些都可能成为 SETI 的目标。

◣ 寻找星外生命的手段

今后使用何种方法? 寻找何种频率的信号? 也是十分重要的问题。因为即使是电磁波就包含有伽马射线、x 射线、可见光及无线电波等不同波长。

目前较常采用的是无线电波，因为无线电波较易穿透星际气体和微尘。但无线电波又包含了无数个频道，该使用哪一个频道呢?

于是 SETI 计划通常采用两种方法，一种是寻找星外智慧生命通讯可能采用的特定频率，目前经常使用的是一种被称为"21 厘米谱线"的无线电波，因为这种无线电波在宇宙中最普遍，倘若是有智慧的生物，应该会懂得用其作为最普遍的通讯方式；另一种是开发出能搜寻大量频道的装置，如今美国人已研发出一次就能搜寻数 10 亿个频道的无线电波。

除无线电波外，光波领域也成为 SETI 探测的对象。过去 40 年间，探测光波的领域一直遭到否定，但近年来已获得重视。

◤ 外星人是机器人？

美国外星智慧探索研究中心的科学家塞思·肖斯塔克认为，人类不可能会遭遇到像科幻电影里描述的那种软软的粘乎乎的星外生命，而更可能是某种智能机器。

他以加利福尼亚硅谷的科学进展为根据，提出一个猜想：应该有一种可能，在人类生命进化发展过程中的某个阶段，随着科学技术越来越进步，我们完全可以制造出一些人造的精巧智能物体，以继承我们人类的文明。

如果在太空中有其他更进步的文明的话，几百万年来，他们可能早就制造出智力机器。所以，我们能够探测到的外星人将会是一种机器智能人，而不是像我们一样的生物智能人。

这个观点为许多的科学家所接受。要理解这一点得从人类本身说起，其实人类一直有探测星空的梦想，然而要走出太阳系，进出银河系，进入遥远的星空却并非易事。

由于人类自身的脆弱性以及技术的原因，在太空探索的最初阶段，人类本身无法承受巨大的发射荷载，也不能在太空长期居留，只能依赖遥控机器人。因此首先将机器人送上太空打前阵，然后派人类跟上要安全得多。

我们已经把一些机器人送上了太空。如旅行者号、火星探路者等机器人就可以将大量的科学数据从遥远的外太空传输给地面控制室里的人类。

美国宇航局的人工智能研究专

古代外星人形象的岩画

家们还在研制测试一种遥控机器人助手,如果这个计划得以实施,它可以使太空探测器和卫星之间进行更广泛的指令交流,并使它们通过相互间的信息指令交流来调整自己的动作,比如控制卫星姿态等。这种机器人间的信息交流有点类似人和人之间的电话交谈。

最终,人类制造的探测器将会拥有一定程度独立思考的能力和自我繁殖能力。我们的太阳系离最近的星系邻居阿尔法人马座也有 4.25 光年之遥,如果将来我们把飞船送到了

登陆器

那里,人们将无法对它进行遥控,更不用说遥控在那些行星上面游弋的登陆器了。

我们甚至都不知道那些登陆器到那里到底会面临什么样的境地,要执行什么样的任务。所以,对于探测器来说,拥有智能将可以使它具备自我修复的能力,甚至可以独立设计制造出新机器。

50 多年前,一位匈牙利数学家冯·诺伊曼第一个提出这种智能机器的构想,所以现在通常把这样的智能机器称为"冯·诺伊曼机器"。

一些科学家由此非常肯定地认为:如果有某一种外星生命企图想要和人类取得联系的话,他们在宇宙中首先邂逅的将是我们制造的智能机器;同样的道理,我们如果能接触到外星人的话,也许就是外星机器人。

其他的生物文明可能在很久以前已经制造出了这样的机器人,而且这些机器人可能已经到了地球上。尽管那些外星人看我们就像看金鱼一样,当我们是一群奇怪有趣的动物,但天性的好奇会促使他们和我们进行交流。

也许就在此刻,我们的宇宙中到处飞行着对于我们来说非常陌生的外星智能机器人,譬如经常光顾我们

地球的形形色色的飞碟，它们在苍茫的恒星星际之间灵巧快捷地穿行着，而那些制造它们的肉身生物，有可能仍然只能孤独地偏居在某一行星上，在那里的适合他们居住的脆弱的生态系统中苟且偷生。

我们可以想象一下，如果机器人的智商是人类的 10 ~ 18 倍高的话，到时候谁统治谁可能就不由我们说了算了。

当然也有人认为，所有的生命都是在竞争和冲突中生产的，如果人类来自于猴子的话，这并不意味着，我们转身就把所有的猴子杀了。机器人不可能把人类都杀了，但有可能一周只让我们吃一顿饭，我们得准备好接受这样一个现实。

◪ 外星人是生物机器人？

但研究外星文明的其他专家并不这样认为，他们觉得塞思·肖斯塔克完全低估了外星人可能具有的生物技术，高明的生物技术完全可以做到将有机生物体和机器融会一体，创造出肉身与机械结合的新的生物种类。

这些科学家认为，即使是人类也不会永远生活在地球上，人类的好奇心、人类发展的需要、科学技术的进步、一定会使人类跨出地球，进入更广阔的空间生活。

想象中的外星飞行器

人类一直在尝试努力研制人工智能，随着智能机器人制造技术的开发发展，生物技术与遗传学理论天翻地覆的革命，相信人类物种进化停滞不前的现状不会太长久了。

遗传工程及其他生物技术的进步将可以使一种生物拥有更高的能力和更长的寿命，从而可以为自己制造出更聪明、更强壮的宇航员。不仅如此，随着技术的进步，人工智能机器人完全有可能和人结合起来，人工智能机器可以从人类身上吸取某些"灵气"，而我们人类自身经过长时间与机器相处，将会模糊生物性与机械性之间的界限，因此未来的人将不再是和现在一样的纯粹的生物性的人。

其实，人类现在已经在这方面显现一些机械性的苗头了：如在心脏里植入心脏起搏器，在大脑中植入某种芯片等。未来的人也许应该改一个名字了，那就是"电子人"。

在更远一点的将来，人类甚至可以将自己的意识下载到所制造的智能机器里面，使那些"粘乎乎"的生物永生不老，甚至变成"超人"。

如果有比我们目前更先进的文明，他们完全可能是一种肉身与机械结合的复杂生物种类，他们的技术已经可以将虫洞铸造成一种超维的时空隧道，使他们的宇航员能通过那些隧道而避免太空中的伤害，自由地在太空中旅行。

总之，一些科学家坚信，人类的进化不过花了几百万年的时间，如果我们的太阳系比许多其他星系要年轻10亿年的话，根据德瑞克方程，在宇宙许多星系的许多星球上，就一定有智慧生命存在，而且比人类要先进得多。

而以光速作横跨星系的旅游要成百上千年，那么经过这么长的时间，如果有外星人来到地球敲打我们住所的前门的话，也就不足为了奇了。

◪ 系外行星的发现

曾经人们认为火星是地球以外唯一一颗可能曾有生命"安家落户"的行星。现在由于科学家在外太空发现大量有可能存在生命的天体，人们对宇宙生命的观念开始发生转变，认为火星并非地球以外唯一一颗可能曾有生命存在的行星。

因此，他们现在不只在一些地方寻

太阳系

系外行星

找生命,而是在"适居带"里查找生命的痕迹,给除了地球以外的大量生命可以在上面繁衍生息的天体绘图。这种生命居所可能在我们星系里、整个宇宙以及宇宙以外的其他行星和卫星上。

宇宙之大是人类永远无法想象的,和这个广袤的空间相比,世间一切都显得那么渺小。地球上的生命,难道真的就是宇宙中的唯一吗?

如果考虑到生命存在所需要的基本条件,火星和木卫二(木星的卫星)存在生命的机会都非常小,星外生命可能在太阳系外存在。

美国科罗拉多大学科学家近日称,除地球外,太阳系中任何一个星球存在生命的可能性都不大,而在太阳系外找到生命的可能性更大。

科罗拉多大学生化学教授诺曼·佩斯说,此前科学家认为太阳系中火星和木卫二上可能存在某种形式的初级生命,但现在仍无所发现。

他认为,地球和其他星球存在大量多样生命形式的关键是有光合作用。光合作用能够吸收并转化光能,用转化后的能量完成生命所需的生化任务。

如果生物曾经在一个星球有过

繁盛时期，光合作用将改变这个星球外层大气成分，就像生命对地球大气的改变一样。而除地球外，太阳系内其他星球的大气都没有类似改变。

佩斯曾在美国《全国科学院年报》上提出："宇宙各处生命的物理极限是基本相同的。生命的定义应是：可以自我复制，有能够通过自然选择进化的机制，可能是碳基分子构成的。参照地球生命，宇宙中生命存在的温度范围应在零下50摄氏度到零上150摄氏度之间。"

权威科学家指出，其他星系的外星人很有可能已经知道地球的存在，并将其列为一个充满生命的星球。20多年以后，地球科学家们也将发现遥远星球上的其他生命。

美国德克萨斯州亚利桑那大学的罗杰·安吉尔博士称，如果说其他星系存在生命的话，这些生命很有可能已经知道了地球的存在，就像地球人知道有外星人存在一样。他是在美国波士顿召开的一次大型科学会议上讲这些话的，他认为早在至少10亿年前，地球就向外太空发出过信号，证明这里存在着生命。

安吉尔在美国先进科学协会会议上说："我认为如果外星人的技术比我们先进的话，他们肯定已经知道了地球的存在。"不同的化学物质可以发出不同的独特信号，这些信号可以在光线中加以识别。

天文学家们知道，那些在其光

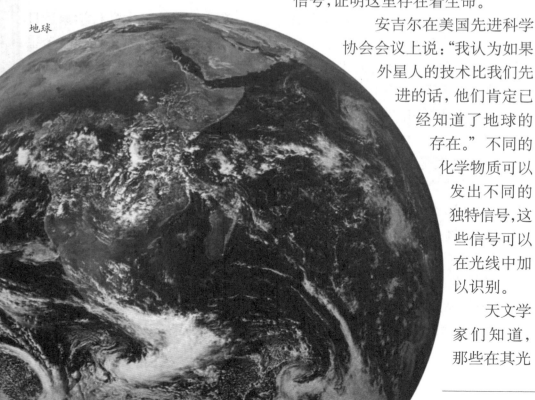

地球

线中包含强烈氧气信号的星球具有生命存活的条件。其他暗示生命存在的独特信号还包括水、二氧化碳、臭氧、甲烷、一氧化二氮和叶绿素等。

目前对太阳系外的星球进行探测的方式是通过其对恒星的重力影响间接进行的，科学家们已经发现了大约 100 颗木星大小相当的其他星球。要对地球一般大小的星球的大气进行测量就需要先进的技术，将其发出的光线与其周围其他众多星球发出的光线区分开来。安吉尔说："地球早在 10 亿年前就发出过这种信号。"

人类走向更遥远的太空并不是梦，但如何组织探险队呢？有人类学家认为，年轻夫妇最适合未来宇宙探险。

科幻故事中的宇宙探险往往展示一群来自地球的勇敢战士与外星人之间用高科技武器的搏杀。但美国佛罗里达大学的研究人员近日指出，如果要完成赴其他星系的长途探险任务，探险队员最好由年轻的夫妇组成。

佛罗里达大学人类学家约翰·摩尔称，旅途漫漫，宇宙探险耗时 200 年或更长的时间完全正常。如果以年轻夫妇为单位组织探险队，不仅可

以因正常的人类繁衍而不愁人力，而且可以减少人在枯燥无聊的旅行过程中精神失常的可能性，增加完成星际探险任务的机会。

浩渺的宇宙

摩尔称，家庭是一种自然的组织形式。由于存在父母和子女以及子女间长幼的界限，"家庭可以合理分配工作，完成任何任务"。人类历史上任何一次大规模殖民行动，总是以家庭特别是以年轻夫妇组成的家庭为单位进行的。

按照摩尔的计划，未来的宇宙探险队应在 150 ～ 80 人之间。这个规

模能够保证太空船里的成员人数在6～8代中保持基本稳定,而且避免近亲通婚。宇宙探险队应配有助产士和修理工,而且队员的信仰和文化背景应基本相同。

当探险队返回地球时,探险队员可能被要求在地球以外的某处停留数年,了解在他们或他们的先辈离开地球以后,地球发生了什么改变。到他们完全清楚地球的现状后,再走下飞船回到地球的家。

目前有专家认为,人类到2080年就可能实施登陆火星的计划。因此人类走向更遥远的太空并不是梦。

▣ 新微生物助寻星外生命

美国宇航局宣布科学家在美国加州一个湖底发现了一种新微生物,它能依靠剧毒的砷进行新陈代谢。科学界认为,这一发现意味着生命形式比人类已知的更灵活,也为在宇宙其他星球寻找生命带来了新的希望。

一直以来,科学家认为,生命是由碳、氢、氮、氧、磷和硫这六种元素构成,它们组成了生物体内主要的有机化合物,如蛋白质、核酸等。

这六种生命元素原本被视作无可替代,但最新的研究发现,一种微生物能将剧毒元素砷代替磷,而砷的

氧化物形式就是人们熟知的毒药砒霜。

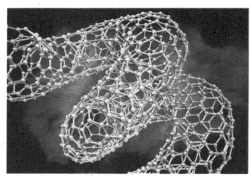

新微生物分子

NASA天体生物学家费丽莎·乌尔夫·西蒙领导的研究团队从加利福尼亚州莫纳湖湖底收集了一些微生物。作为单胞体细菌的一种,正常状态下,它像其他生物一样利用磷完成生命功能,但如果需要,它能用砷替代磷。

磷是组成DNA和RNA的化学成分之一。化学元素周期表中,砷的位置正好位于磷的下方,正是由于两种元素的相似性,砷很容易被细胞吸收导致中毒。

研究人员将其置于实验室含有砷的混合试剂内培植了数月,结果发现微生物体内的磷原子被砷原子置换出来了。这种生物不仅能在含有砷的环境中存活,它们还能够把砷元素结合到自己的DNA和细胞膜中。

尽管培植后的微生物中还是存留有一定量的磷元素，但其含量已不足以满足生命功能的需要，这说明磷的位置已经被砷取代。

这一发现给寻找星外生命带来新的希望。目前人类在火星或者其他地外星球寻找星外生命时，是以地球生命的形成为依据，搜索主要构成生命的基本化学元素。

而此次发现则意味着，地外生命或许可能以其他元素构成，这将扩大搜索生命的范围，那些原本被我们视为"不适合生命存在"的地方或许生存着形态完全不同的生命体。

"如果地球上的生命能做到如此令人意外的事，生命还有哪些能力是我们所不知道的？现在到了去发现的时候。"乌尔夫·西蒙说。亚利桑那州立大学天体生物学家埃利尔·安巴尔指出："新的发现告诉我们，应更仔细考虑在地外搜索哪些元素。"

乌尔夫·西蒙博士表示，此项研究最大的意义在于有望改写人类对生命形态的认识。

"食砷"微生物的发现惊动了白宫。《华盛顿邮报》披露，白宫官员为此专门致电NASA，询问是否发现了地球生命的另一种全新形态？得到了否定的回答。但该研究使得广受热议的"影子生物圈"理论离现实更近了一步。

"影子生物圈"理论认为，地球上或许存在另一类未知生物，它们起源于和已知生物完全不同的祖先，隶属完全不同的生命族谱。有科学家猜测，影子生物圈可能存在于沙漠、火山口、盐湖等极端环境中。

此次在莫纳湖发现的微生物虽然能用砷替代磷，仍属于已知生物的范畴。但支持这一理论的科学家称，莫纳湖中的微生物颠覆了对生命元素的传统认识，生命的形式可能比我们假设的或想象的更灵活。

疑似星外生命

◨ 可能发现星外生命的地方

迄今为止，地球上有大约22 000份关于陨石发现的文字记载，其中大部分都被发现含有有机化合物。

1996 年，一组科学家声称他们在南极洲发现的火星陨石上找到了微化石存在的强有力证据，并据此认为可能早在 36 亿年前这颗红色星球上就已经存在生命了。

下一站是火星，长期以来，火星都是科学家寻找外地生命的目标之一，但是，由于这里贫瘠且干旱，人们的注意力便逐渐从寻找火星小绿人转移到发现简单的生命形态上了。但是，有证据表明，这颗红色星球上曾经有过一段温暖而湿润的过去。

木卫二并不打算用它冰冷的肩膀来承托生命。事实上，它不仅能为简单的微生物提供生存场所，也能让复杂的生命在此安家。科学家们已经论证数年，他们认为木卫二的冰面以下潜藏着一片海洋，其中甚至含有氧气。

新微生物分子

NASA 的科学家们过去一直宣称木卫四是一颗"死气沉沉的星球"，直到他们在其表层以下发现了一片可能存在的咸海。

NASA 的伽利略号太空船在 1996 年和 1997 年低空飞越这颗木星的第二大卫星，他们发现木卫四的磁场在不断变化，这意味着存在电流。

木卫四这颗寒冷的卫星能给生命提供一个舒适的环境吗？科学家们正对这颗木星的卫星进行更近一些的观察。尽管它表面的温度不足零下近 149 摄氏度，他们仍然发现了许多基础生命存在的潜在构造。

2005 年，当卡西尼号低空飞行，越过恩克拉多斯间歇泉喷涌的冰和气时，探测器检测出了碳、氢、氮和氧——这些都是供给生命存活的关键因素。更为重要的是，探测所得的温度和气流的密度表明，在星球表层以下有温暖潮湿的来源。

火星

一些估算数据表明，银河系拥有约 4 000 亿颗恒星以及数不尽的系外行星，并且它们都在我们的星系范围之内。因而在我们之外的星系中潜在的宜居星体也许是数以亿计的。

而后每年又相继发现一些，它们中的很多都蕴藏着有机化合物。

最近人们开始研究银河系中的这片恒星育儿所，并将其视为寻找生命的潜在金矿。

2010 年 5 月，欧洲航天局的赫歇尔空间天文台宣布，距地球约 1 500 光年，位处猎户座三星腰带南方的猎户星云，表现出了拥有生命存在的有机化学品。

2005 年，一组国际天文学家发现，衰亡的红巨星能够像除纤颤器一样工作，让这颗冰冷的星球起死回生。科学家们相信，这种重生同样会给生命提供新的繁殖地。

宇宙的浩瀚无涯超出想象，无数的恒星、行星、星系、星云、气体、尘埃充斥其间，让我们无法一一探遍每一个角落。也许，在宇宙的另一边，那些无法企及的未知处，有着和我们一样的生命存在。

迷你知识卡

光速

电磁波在真空中的传播速度。通常光速为 $c=299792458 \text{m/s}$。

图书在版编目（CIP）数据

图说寻找星外生命 / 赫金玲　吴雅楠编著 . —— 长春：吉林出版集团有限责任公司，2013.4（2021.5重印）

（中华青少年科学文化博览丛书 / 沈丽颖主编 . 科学卷）

ISBN 978-7-5463-9582-1-02

Ⅰ . ①图… Ⅱ . ①赫… ②吴… Ⅲ . ①地外生命－青年读物 ②地外生命－少年读物 Ⅳ . ①Q693-49

中国版本图书馆 CIP 数据核字（2013）第 039532 号

图说寻找星外生命

作　　者 / 赫金玲　吴雅楠
责任编辑 / 王亦农
开　　本 / 710mm × 1000 mm　1/16
印　　张 / 10
字　　数 / 150千字
版　　次 / 2013年4月第1版
印　　次 / 2021年5月第3次

出　　版 / 吉林出版集团股份有限公司（长春市福祉大路5788号龙腾国际A座）
发　　行 / 吉林音像出版社有限责任公司
地　　址 / 长春市福祉大路5788号龙腾国际A座13楼　　邮编：130117
印　　刷 / 三河市华晨印务有限公司
ISBN 978-7-5463-9582-1-02　　　定价 / 39.80元